MEDIZIN
IN 30 SEKUNDEN

MEDIZIN
IN 30 SEKUNDEN

Meilensteine der
Diagnostik und Therapie

Herausgeber
Gabrielle M. Finn

Autoren
Philip Cox
Laura Fitton
Joanna Matthan
Larissa Nelson
Martin Veysey

Illustrationen
Steve Rawlings

Librero

Titel der Originalausgabe:
»30-Second Medicine«

Herausgeber: **Susan Kelly**

Künstlerische Leitung: **Michael Whitehead**

Chefredakteur: **Tom Kitch**

Redakteur: **Sophie Collins**

Projektleitung: **Caroline Earle**

Gestaltung: **Ginny Zeal**

Bildbeschaffung: **Katie Greenwood**

Glossare: **Gabrielle M. Finn**

Aus dem Englischen von **Markus Roduner**
Lektorat und Satz: **G & R Vilnius**, Litauen

Gedruckt und gebunden in China

ISBN: 978-94-6359-372-4

Umschlagbild: Freestock.ca/Nicolas Raymond
(zweites von links)

INHALT

EINFÜHRUNG
GABRIELLE M. FINN

Die Medizin ist die Wissenschaft von der Behandlung und Diagnose von Krankheiten. Ihre Geschichte reicht von den rituellen Praktiken der Medizinmänner, die in Stammesgesellschaften teilweise bis heute für die Behandlung von Kranken zuständig sind, über Leonardo da Vinci, den Vordenker der Bionik, bis hin zu den jüngsten Durchbrüchen beim Klonen und der Züchtung und Herstellung von Organen. Hier stellen wir dem Leser einige der interessantesten Themen vor.

Ob wir die Medizin als Homöopathie, traditionelle chinesische Heilkunst oder klassische Schulmedizin in Anspruch nehmen, hängt neben unserem kulturellen Hintergrund und der persönlichen Einstellung natürlich auch von der Art unserer Beschwerden ab. Gängige Begriffe der Medizin wie die Namen von Krankheiten und einzelnen Medikamenten gehören längst zum Alltag. Und obwohl die meisten von uns auf eine gut sortierte Auswahl an Medikamenten zurückgreifen können, haben wir weder von unseren Beschwerden noch von der Wirkungsweise des Medikaments, das wir dagegen einnehmen, wirklich Ahnung. Dies möchte das vorliegende Buch ändern.

Die Medizin hat in jüngerer Zeit unglaubliche Fortschritte gemacht: Technologien und Behandlungen, die heute alltäglich sind, etwa die minimalinvasive Chirurgie, bekam man vor nicht allzu langer Zeit nur in Science-Fiction-Filmen zu sehen. Wenn wir schon heute bionische Gliedmaßen konstruieren und Operationen mit Robotern durchführen, wo wird dann die Medizin in einem Jahrzehnt oder Jahrhundert stehen?

Unter weitgehendem Verzicht auf Fachausdrücke werden Verfahren zur Wiedererlangung von Körperfunktionen vorgestellt, darunter Cochlea-Implantate als Ersatz für das Gehör, bionische Gliedmaßen, die über die Nervenbahnen des Patienten gesteuert werden, oder die Transplantation von Spenderorganen. Ob Röntgen, Magnetresonanztomografie (MRT), Sonografie (Ultraschall) oder Computertomografie (CT) – verschiedene Kapitel beschäftigen sich mit Techniken der medizinischen Bildgebung. Auch über Maßnahmen der Präventivmedizin und Formen der Chemotherapie klärt Sie dieses Buch auf.

Mit seinen Beobachtungen legte der antike griechische Arzt Hippokrates den Grundstein für die moderne Medizin.

Um Verletzungen und Krankheiten behandeln zu können, bedarf es nicht nur grundsätzlicher Kenntnisse der Anatomie und Chirurgie, sondern eines

detaillierten Wissens über Krankheitsbilder und bestimmte Behandlungstechniken, um nur einige Aspekte zu nennen. All dies in einem Buch darzustellen, würde den Rahmen sprengen, sodass sich dieses Buch auf eine Auswahl beschränkt: Es beschäftigt sich mit den Anfängen der Medizin, mit der zunehmenden Verbesserung der Behandlungsmethoden und mit einigen der weitverbreitetsten Krankheiten.

Wie dieses Buch aufgebaut ist

Auch wenn nicht jedes Thema behandelt werden kann, so sollen die einzelnen Beiträge doch zur weiterführenden Recherche anregen. Beginnen Sie mit dem Kapitel, das Sie am meisten interessiert. Jedes der fünfzig Themen kann für sich gelesen werden. Vielleicht möchten Sie aber auch ganz vorne beginnen und ein Kapitel nach dem anderen lesen? Die »3-Sekunden-Dosis« bietet einen komprimierten Überblick über das Thema, während »30 Sekunden Medizin« es knapp und gut verständlich behandelt und die » 3-Minuten-Kur« weitere aufschlussreiche Informationen bietet.

Ein Team von Naturwissenschaftlern und Medizinern hat einen konzentrierten Crashkurs für Sie zusammengestellt. In **Frühe & Alternativmedizin** ergründen wir die Wurzeln der Heilkunde in uralten Traditionen. Das zweite Kapitel trägt den Titel **Große Fortschritte** und behandelt Herzschrittmacher, Dialyse und weitere Errungenschaften der Medizin im 20. und 21. Jahrhundert, während **Bildgebung & Technologien** uns unter anderem vor Augen führt, welche diagnostischen Möglichkeiten heute Ärzten zur Verfügung stehen. Anschließend lernen wir **Behandlungen, Therapien & Verfahren** sowie einige häufige **Krankheiten** mit ihren Symptomen, Heilungsverläufen und mögliche Prognosen kennen. Mediziner arbeiten vorwiegend im Team: In **Berufsbilder im Gesundheitswesen** erfahren wir mehr über die Verantwortlichkeiten der wichtigsten Personen, denen sich ein Patient anvertraut. Zum Schluss beschäftigen wir uns kurz mit **Arzneimitteln** und ihrer Wirkung – von solchen, die wir zu Hause haben, bis zu jenen, die auch als Droge berüchtigt sind. Porträts wichtiger Persönlichkeiten der Medizingeschichte runden das Bild ab.

Alexander Flemings Entdeckung der Antibiotika und andere medizinische Fortschritte führten zum Durchbruch bei der Behandlung von bakteriellen Infektionen.

FRÜHE & ALTERNATIVMEDIZIN

FRÜHE & ALTERNATIVMEDIZIN
GLOSSAR

Aderlass Blutentnahme beim Patienten zur Heilung oder Vorbeugung von Erkrankungen. Alte Praxis, die in einigen Kulturen bis heute verbreitet ist.

Akupunktur Aus dem alten China stammende Technik, bei der feine Nadeln an bestimmten Stellen zu therapeutischen oder präventiven Zwecken in den Körper gestochen werden. Sie gilt als Methode der Alternativmedizin.

Alternativmedizin Behandlungen und Verfahren, die nicht zu den wissenschaftlich begründeten Routinemethoden gehören. Beispiele sind die Homöopathie, die Osteopathie und die Akupunktur.

Asklepieion Heiligtum des Asklepios, des antiken griechischen Gottes der Gesundheit, mit Heilstätte. Eines der bedeutendsten ist das in seinen ältesten Teilen auf das 4. vorchristliche Jahrhundert zurückgehende Asklepieion von Kos.

Ayurveda Gilt als ältestes System der Heilkunst. Es hat sich in Indien entwickelt und verfolgt einen ganzheitlichen Ansatz. Grundlegendes Ziel ist die Schaffung eines harmonischen Gleichgewichts zwischen Körper, Geist und Seele, denn seine Anhänger nehmen an, dass sich so Krankheiten verhindern und das Leben verlängern lassen.

Eid des Hippokrates Gelöbnis, das in der Vergangenheit von Ärzten geleistet wurde. Die Urheberschaft wird nicht selten dem antiken griechischen Arzt Hippokrates zugeschrieben. Der Eid zählt zu den bekanntesten medizinischen Texten. Jeder Arzt gelobte dabei unter Anrufung der Götter, namentlich der Heilgötter, sich bei der Ausübung seines Berufes an bestimmte ethische Prinzipien zu halten. Heutige ethische Grundsätze der Medizin beruhen darauf.

Ganzheitliche Medizin Betrachtet Natur und Erkrankte in ganzheitlichen Zusammenhängen – unter Einbeziehung körperlicher, ernährungsphysiologischer, ökologischer, emotionaler, sozialer, spiritueller und auf den Lebensstil bezogener Faktoren.

Hausarzt Stellt die primäre medizinische Versorgung von Patienten sicher und dient meist als erste Anlaufstelle. Hausärzte behandeln einige Krankheiten selbst und überweisen Patienten zur weiteren Beurteilung oder Behandlung an Krankenhäuser oder Fachärzte.

Kräuterheilmittel Pflanzenextrakte, die eingenommen oder auf die Haut aufgetragen werden, um Beschwerden zu lindern oder die Funktion des Körpers zu unterstützen. Sie werden seit der Antike in der Medizin verwendet.

Magisch-religiöse Praktiken Sollen ein übernatürliches Wesen dazu zu bringen, ein bestimmtes Ergebnis herbeizuführen oder zu verhindern. In einigen Religionen dient Magie insbesondere zur Heilung durch Brechen von Flüchen.

Pseudowissenschaft Behauptungen, Lehren, Theorien, Praktiken und Institutionen, die beanspruchen, wissenschaftlich zu sein, aber die Mindestanforderungen an Wissenschaftlichkeit nicht erfüllen.

Quacksalberei Betrügerische, unsichere oder dubiose medizinische Praktiken.

Reinigung Beseitigung von Unerwünschtem in Körper und Seele wie Nahrung, Toxine, quälende Gefühle, Erinnerungen oder Beschwerden.

Verschüttelung (Dilution) In der Homöopathie wird damit die mehrmals hintereinander durchgeführte Verdünnung mit anschließendem Schütteln mit einer festgelegten Anzahl von Schlägen zur Herstellung und Potenzierung des Heilmittels bezeichnet.

Wohlfahrtsstaat Staat, der wesentliche Maßnahmen zur Förderung des wirtschaftlichen und sozialen Wohlergehens seiner Bürger ergreift. Dabei handelt es sich unter anderem um Ausgaben, die der Verbesserung von Gesundheit, Bildung, Beschäftigung und sozialer Sicherheit dienen.

SCHAMANEN & HEXENDOKTOREN

30 Sekunden Medizin

3-SEKUNDEN-DOSIS
Schamanen versetzen sich durch rituelle Zeremonien in Ekstase und beschwören Geister, um sie zu besänftigen und die Gesundheit wiederherzustellen, andere Arten von Hexendoktoren vertrieben Flüche.

3-MINUTEN-KUR
Magisch-religiöse Rituale machten Schamanen zu mächtigen Heilern. Zwar weisen ihre Methoden kaum Ähnlichkeiten mit den in der modernen Medizin üblichen auf, aber ihre Heiltätigkeit galt für lange Zeit als Maßstab für den medizinischen Fortschritt. Einige Zweige der modernen Medizin lassen sich auch auf diese prähistorischen Wurzeln zurückführen, denn sie greifen ritualisierte oder symbolische Elemente der Stammesmedizin auf, um sich Zugang zum Geist zu verschaffen und die Krankheit zu vertreiben.

Heiler halfen Mitgliedern ihrer Gruppe, einen Sinn in ihrer Erkrankung zu erkennen, als die Medizin im heutigen Sinn noch nicht für die Behandlung zur Verfügung stand. Die Schamanen von einst verfügten über magisch-religiöse Kräfte und waren mit den alten Stammestraditionen gut vertraut. Bei Zeremonien, die die Seele betrafen, waren sie unentbehrlich, denn man brachte Krankheit mit einer Seele in Verbindung, die umherirrte oder von dem wohl- oder übelwollenden Geist eines kürzlich Verstorbenen besessen war. Wenn die Seele umherirrte, bestand der Eckpfeiler ihrer Behandlung darin, sie in einem tranceähnlichen Zustand zu lokalisieren, ihrer habhaft zu werden und sie zur Rückkehr in den Körper zu bewegen, um so das Wohlbefinden wiederherzustellen. Hexendoktoren heilten als angesehene Volksheiler in Stammesgesellschaften erkrankte Stammesangehörige von Krankheiten, die durch Hexerei verursacht wurden. Ihre magischen Kräfte der Weissagung und Heilung und ihr Kontakt zu den Geistern wohlwollender Vorfahren ermöglichten es ihnen, mächtige Hexerei zu bekämpfen, die als Ursache für alle Krankheiten galt. In Europa wurden Hexendoktoren zum Synonym für Quacksalberei und Betrug – der Täuschung von Kranken und Gebrechlichen durch Aberglaube und/oder Pseudo-Medikamente zum persönlichen Vorteil. Heute werden Praktizierende der Alternativmedizin wie Wunderheiler manchmal als Quacksalber bezeichnet.

VERWANDTE THEMEN

URSPRÜNGE DER MEDIZIN
Seite 16

HOMÖOPATHIE
Seite 20

DIE TRADITIONELLE CHINESISCHE MEDIZIN
Seite 24

3-SEKUNDEN-BIOGRAFIE
WILLIAM HALSE RIVERS RIVERS
1864–1922
Englischer Neurologe, Psychologe, Ethnologe und Anthropologe, der den Weg für die Erforschung der prähistorischen Medizin und indigener medizinischer Praktiken ebnete

30-SEKUNDEN-TEXT
Joanna Matthan

Vor der modernen Medizin behandelten Heiler Kranke mit magisch-religiösen Ritualen und Zeremonien.

URSPRÜNGE DER MEDIZIN

30 Sekunden Medizin

Feldschere verarzteten in Europa bis weit in die Neuzeit Kriegsverletzte. Zu ihren Aufgaben gehörten wie bei den anderen Handwerkschirurgen (Wundärzte, Bader) Haareschneiden, Aderlass, Zähneziehen, der Verkauf von (aus heutiger Sicht zweifelhaften) Medikamenten und Einläufe. Die Handwerkschirurgen waren oft ungebildet, viele konnten nicht einmal lesen, und hatten eine Lehre bei erfahrenen Vertretern ihres Berufsstands absolviert. Erst im 17. Jahrhundert boten Universitäten erstmals eine chirurgische Ausbildung an. Mit der akademisch fundierten seriösen Chirurgie gewannen anatomische Studien an Bedeutung. Durch die dabei durchgeführte Sektion von Leichen distanzierten sich die Ärzte bewusst von Praktiken, die sie mit Quacksalberei verbanden (Kräutermedizin und Homöopathie). Da für den Anatomieunterricht der Studenten immer mehr Leichen benötigt wurden, entstand ein florierender, aber illegaler Handel mit toten Körpern. Leichendiebe schlichen sich nachts auf Friedhöfe, gruben die erst kürzlich Begrabenen aus und lieferten sie den Anatomen, die sie ihnen bereitwillig abnahmen. Solange sie den Besitz der Toten nicht entwendeten, mussten sie keine Gefängnisstrafe befürchten. In Großbritannien durften bis in die 1830er-Jahre nur Leichen seziert werden, die von zum »Tode und zur Obduktion« Verurteilten stammten oder nicht abgeholt wurden (meist Bewohner von Arbeitshäusern). Die Präparation musste schnell durchgeführt werden, um Fäulnisgestank zu vermeiden.

3-SEKUNDEN-DOSIS

Die Gesetze von Angebot und Nachfrage verbanden Handwerkschirurgen, Leichendiebe und frühe anatomische Studien.

3-MINUTEN-KUR

Schon im alten Ägypten und Griechenland öffnete man Leichen. Die ersten frühneuzeitlichen anatomischen Studien betrieben Forscher in Bologna, die Leichen sezierten, um die Funktionsweise der inneren Organe zu verstehen. Damit war die Medizin zur Wissenschaft avanciert. Leichendiebstahl wird gerne mit Grabraub verwechselt. Grabräuber stahlen jedoch nur Wertsachen aus den Gräbern und von den Toten, während einige Leichendiebe zwecks Leichenbeschaffung selbst Morde begingen. Zu den bekanntesten Fällen gehört derjenige von Burke und Hare in Edinburgh im 19. Jahrhundert.

VERWANDTE THEMEN

HIPPOKRATES
Seite 18

HOMÖOPATHIE
Seite 20

JOSEPH LISTER
Seite 38

ANÄSTHESIE & CHIRURGIE
Seite 80

3-SEKUNDEN-BIOGRAFIEN

AMBROISE PARÉ
1510–1590
Französischer Chirurg (Bader), der mit seiner Arbeit zur Statusverbesserung seines Berufs beitrug

ANDREAS VESALIUS
1514–1564
Flämischer Anatom und Autor des siebenbändigen Atlas der menschlichen Anatomie, *De humani corporis fabrica* (1543), der die experimentelle medizinische Forschung begründete

30-SEKUNDEN-TEXT

Joanna Matthan

Als die Chirurgie zum Beruf avancierte, stieg die Nachfrage nach Leichen zum Sezieren und zum Studium.

um 460 v. Chr.
Geburt auf der griechischen Insel Kos, als Sohn des Arztes Herakleides und der Phainarete

um 455–435 v. Chr.
Neun Jahre umfassende Schulbildung, gefolgt von zwei Jahren weiterführender Ausbildung und einer Arztlehre. Medizinische Ausbildung im Asklepieion von Kos

430–427 v. Chr.
Drei Jahre in Athen, in dem damals die Pest wütete. Man vermutet, er habe den König von Mazedonien von der Tuberkulose geheilt

431–404 v. Chr.
Peloponnesischer Krieg: Höhepunkt von Hippokrates' Karriere

400 v. Chr.
Gründung der Ärzteschule von Kos und Tätigkeit als Lehrer und Arzt. Wahrscheinlich traten seine Söhne Drakon und Thessalos sowie sein Schwiegersohn Polybos in seine Fußstapfen und wurden Ärzte

um 370 v. Chr. (frühestens 374, spätestens 355)
Tod in Larissa, Thessalien

HIPPOKRATES

Die moderne Medizin verdankt ihrem »Vater«, dem antiken griechischen Arzt Hippokrates nichts weniger als ihre Fundamente, die er mit seiner radikal anderen Sichtweise des Verhältnisses von Krankheitsursachen und deren Behandlung sowie der Gründung der Ärzteschule von Kos legte, an der Beobachtung und objektive Dokumentation im Vordergrund standen. Infolge seiner Bemühungen wurde die Medizin als eigenständiges Berufsfeld anerkannt. Zuvor hatten Ärzte Krankheiten auf alle möglichen Ursachen zurückgeführt, beispielsweise auf die Position der Sterne oder die Unzufriedenheit der Götter. Hippokrates bestand darauf, dass man sich bei Diagnose und Behandlung von Krankheiten von der Vernunft leiten lässt. Er beobachtete seine Patienten genau und erstellte erst dann auf der Grundlage seiner Feststellungen und früherer Erfahrungen eine Diagnose, einen Behandlungsplan und eine Prognose zum weiteren Verlauf der Krankheit.

Über Hippokrates' Privatleben ist nur wenig bekannt. Die meisten späteren schriftlichen Berichte dürften auf Legenden beruhen oder im Laufe der Zeit stark ausgeschmückt worden sein. Auch seine Geburts- und Sterbedaten sind umsichtig. Er wurde um 460 v. Chr. auf der griechischen Insel Kos in eine wohlhabende Familie geboren. Da schon sein Vater und Großvater Ärzte waren, absolvierte Hippokrates nach der Schule bei seinen Familienangehörigen eine Berufsausbildung. Eine formelle medizinische Ausbildung durchlief er am Asklepieion von Kos, wurde aber zugleich auch vom Arzt Herodikos unterwiesen.

Er soll als wandernder Arzt weit gereist sein, zwei Söhne und eine Tochter gezeugt und als Doktor die Reichen und Mächtigen behandelt haben – so den König von Mazedonien, den er angeblich von der Tuberkulose heilte. Mindestens drei Jahre soll er im von der Pest geplagten Athen zugebracht haben. Hippokrates und seine Schüler charakterisierten zahlreiche Krankheiten. So heißen die erstmals von ihm beschriebenen Trommelschlegelfinger, die bei bestimmten Herz- oder Lungenerkrankungen oft auftreten, im lateinischen Medizinjargon *Digiti hippocratici*. Die moderne Medizin verdankt ihm die Aufnahme von Disziplin, Genauigkeit in der Praxis und Seriosität in den Verhaltenskodex für Ärzte. Ein Arzt, der dem hippokratischen Eid folgt, tritt stet ehrlich, ruhig, seriös, verständnisvoll und gepflegt auf. Ärzte auf der ganzen Welt leisten ihn noch immer nach dem Abschluss ihres Medizinstudiums, allerdings in einer erneuerten, an das kulturelle Umfeld angepassten Form.

Hippokrates gilt auch als Autor des *Corpus Hippocraticum*, einer Sammlung von etwa sechzig bis siebzig medizinischen Werken, aber es ist wahrscheinlicher, dass diese monumentale Sammlung nicht aus einer Hand stammt. Sein genaues Todesjahr, in dem er in Larissa starb, ist unbekannt. Der Überlieferung nach soll er aber 85, 90 oder gar 104 oder 105 Jahre alt geworden sein.

Joanna Matthan

HOMÖOPATHIE

30 Sekunden Medizin

Die Homöopathie war im 19. Jahrhundert als alternative Therapie weitverbreitet. Sie gründete auf dem Prinzip, »Ähnliches mit Ähnlichem zu heilen«. 1796 nahm der deutsche Arzt Samuel Hahnemann eine hohe Dosis Chinin ein, das der Malariabehandlung diente, und stellte fest, dass bei ihm Symptome ähnlich denen von Malariapatienten auftraten, obwohl es ihm gut ging. Nach Experimenten mit einer größeren Zahl von zu jener Zeit üblichen Medikamenten kam er zum Schluss, dass man alle Erkrankungen am besten mit Medikamenten behandeln sollte, die bei Gesunden ähnliche Symptome hervorrufen wie die betreffende Krankheit. Die Homöopathie gründet auf der Überzeugung, dass Substanzen in winzigen Mengen die Symptome zu heilen vermögen, während sie diese in hohen Dosen hervorrufen oder bei bereits Erkrankten den Zustand verschlimmern. Deshalb wird die Substanz vor Verabreichung verdünnt, bis keine Moleküle mehr erkennbar sind, und stark geschüttelt (Verschüttelung). Das Medikament gilt als umso wirksamer, je stärker verdünnt es ist. Deshalb wird es in winzigen Dosen verabreicht. Es kommen keine Medikamente ohne Berücksichtigung der individuellen Faktoren des Patienten wie Persönlichkeit, geistiger sowie körperlicher Zustand und Lebenslauf zum Einsatz. Zwar wendet sich moderne Medizin entschieden gegen die Homöopathie und ähnliche Heilmethoden, die sie als Pseudowissenschaften abtut, trotzdem erfreut sich diese bis heute weltweiter Beliebtheit.

3-SEKUNDEN-DOSIS

In der Homöopathie werden Erkrankungen mit stark verdünnten Substanzen behandelt, die in hohen Dosen bei Gesunden Krankheitssymptome hervorrufen.

3-MINUTEN-KUR

Die Homöopathie wurde in einer Zeit beliebt, in der üblicherweise Aderlass, Einläufe und andere zweifelhafte Behandlungsmethoden zur Anwendung kamen. Ihren Begründer Samuel Hahnemann widerten die unwissenschaftlichen Methoden an, mit denen er seine Patienten »behandeln« sollte, und außerdem glaubte er, seinen Patienten damit mehr Schaden zuzufügen als ihnen zu helfen. So empfanden viele Patienten und auch manche Ärzte die einfache und weniger schädliche Homöopathie als willkommene Erleichterung.

VERWANDTES THEMA

SCHAMANEN & HEXENDOKTOREN
Seite 14

3-SEKUNDEN-BIOGRAFIEN

HIPPOKRATES
um 460–377 v. Chr.
Griechischer Arzt und Philosoph, der mit der Homöopathie experimentiert haben könnte: Er behandelte Manie mit einer kleinen Dosis eines Alraunwurzelextrakts, da er wusste, dass es in größeren Dosen Manie hervorruft

PARACELSUS
1493–1541
Schweizer Alchemist, Arzt, Astrologe und Philosoph, der sagte, dass das, was einen krank mache, in kleinen Dosen heile

SAMUEL HAHNEMANN
1755–1843
Deutscher Arzt und Begründer der Homöopathie

30-SEKUNDEN-TEXT

Joanna Matthan

Durch Experimente gelangte Samuel Hahnemann zur Überzeugung, dass Ähnliches mit Ähnlichem zu heilen ist.

LIQ:QUIN

GESUNDHEITS-SYSTEME

30 Sekunden Medizin

3-SEKUNDEN-DOSIS
In den meisten Ländern sorgt ein je nach politischer und wirtschaftlicher Lage sowie Traditionen ausgebildetes Gesundheitssystem für die medizinische Betreuung der Bevölkerung.

3-MINUTEN-KUR
Einst hing der Zugang zu medizinischen Dienstleistungen vor allem von den eigenen Mitteln ab. Gegen Ende des 19. Jahrhunderts führte Deutschland als erstes Land Elemente des Sozialstaats ein. Großbritannien bot mit der Gründung des NHS 1948 eine kostenlose medizinische Versorgung. Noch heute haben über 400 Millionen Menschen weltweit keinen Zugang zu grundlegenden Gesundheitsdiensten. Die WHO-Verfassung von 1948 erklärte die Gesundheit zum Menschenrecht, und so hat der Zugang zu Gesundheitsdiensten für die WHO nach wie vor eine hohe Priorität.

Patienten wünschen sich Gesundheitssysteme mit immer verfügbaren, hochwertigen Dienstleistungen. Dazu sind ein stabiler Finanzierungsmechanismus, ausgebildetes und angemessen bezahltes medizinisches Personal, gut unterhaltene Einrichtungen und die Bereitstellung von Medikamenten und modernen Technologien erforderlich. In den USA und weiteren Ländern sind die finanziell Bessergestellten privat versichert, während die anderen Bürger kostenlos in staatlichen Krankenhäusern behandelt werden. In sozialistischen Ländern wie Kuba oder China übernimmt der Staat die gesamte Gesundheitsversorgung. In einigen Wohlfahrtsstaaten wird die Gesundheitsversorgung zu unterschiedlichen Teilen aus privaten Beiträgen und öffentlichen Mitteln finanziert. Großbritannien, Israel und weitere Staaten verfügen über eine aus dem Steueraufkommen finanzierte allgemeine Gesundheitsversorgung (daneben existieren auch private Systeme). Die Gesundheitsversorgung lässt sich meist in drei Stufen gliedern: Die Primärversorgung durch Hausärzte als erste Anlaufstelle für Patienten, die Sekundärversorgung für Erkrankungen, die spezielle Kenntnisse und die Überweisung durch einen behandelnden Arzt der Primärversorgung erfordern, und schließlich die Tertiärversorgung, die stationäre Behandlung von Patienten, die ein noch höheres Maß an fachlicher Betreuung benötigen, in einem Krankenhaus mit entsprechender Ausstattung und den erforderlichen Fachmedizinern.

3-SEKUNDEN-BIOGRAFIEN

OTTO VON BISMARCK
1815–1898
Erster Reichskanzler, der in den 1880er-Jahren das Deutsche Reich zum weltweit ersten Sozialstaat machte, unter anderem durch das »Gesetz betreffend der Krankenversicherung der Arbeiter«

WILLIAM HENRY BEVERIDGE
1879–1963
Britischer Ökonom und Sozialreformer, der im 1942 veröffentlichten *Beveridge Report* der Regierung empfahl, Wege zu finden, um Not, Krankheit, Ignoranz, Verwahrlosung und Untätigkeit zu bekämpfen. Seine Empfehlungen führten zur Gründung des *National Health Service* (NHS) im Jahre 1948

30-SEKUNDEN-TEXT
Joanna Matthan

Die Finanzierungsmechanismen sind unterschiedlich, aber die meisten Gesundheitssysteme lassen sich in Primär-, Sekundär-, und Tertiärversorgung gliedern.

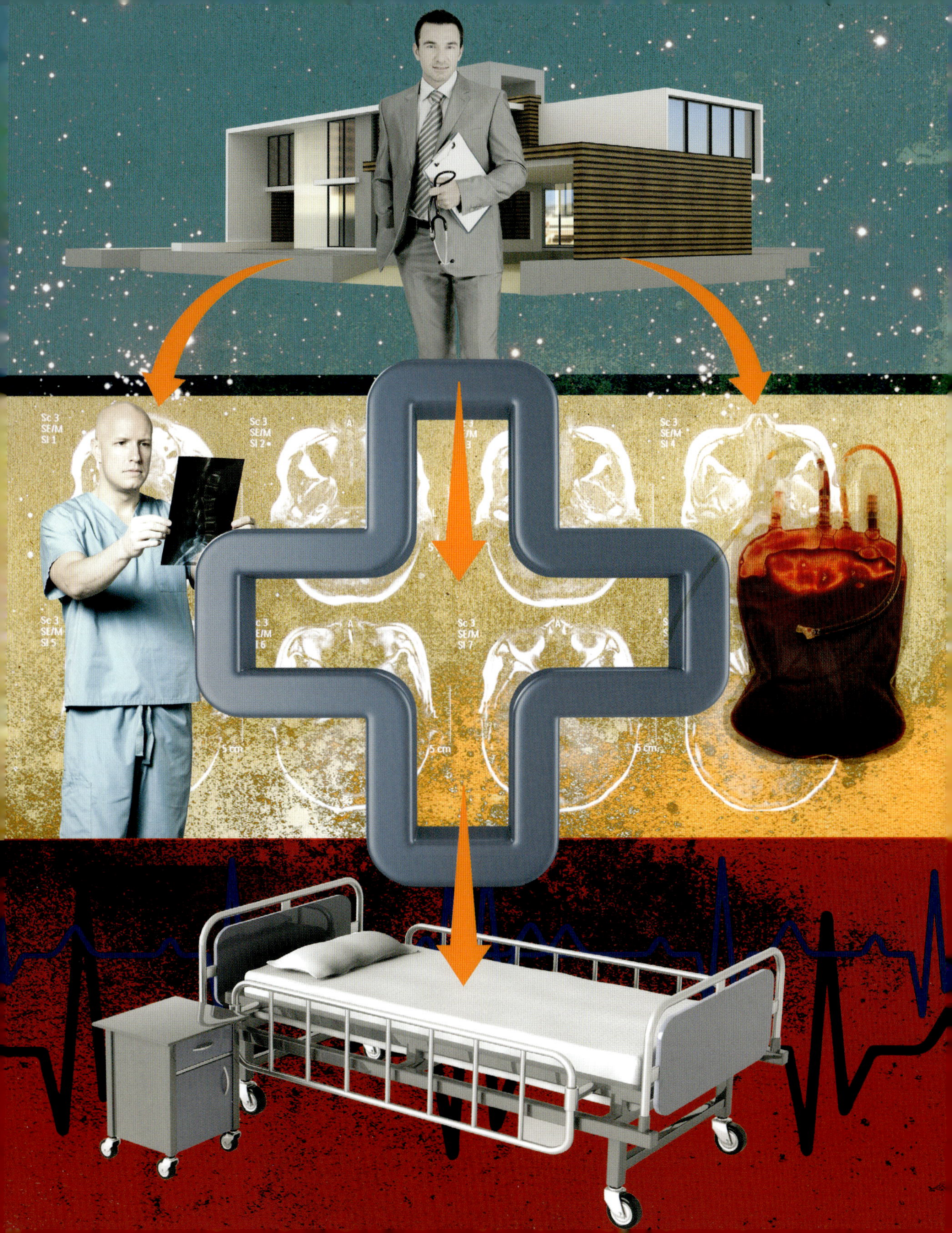
Sc 3
SE/M
SI 1
Sc 3
SE/M
SI 2
Sc 3
SE/M
SI 4
Sc 3
SE/M
SI 5
Sc 3
SE/M
SI 7
5 cm
5 cm
5 cm

TRADITIONELLE CHINESISCHE MEDIZIN (TCM)

30 Sekunden Medizin

Nach der uralten chinesischen Heilkunde können Krankheiten durch Wiederherstellung des natürlichen Gleichgewichts von Yin und Yang verhindert oder geheilt werden. Die in Ostasien und auch im Westen weitverbreitete TCM beinhaltet eine Vielzahl alternativer Heilmethoden, darunter Akupunktur, pflanzliche Heilmittel, Ernährungstherapie, Massage und körperliche Ertüchtigung. Ähnlich der hippokratischen Medizin beruht auch die TCM auf der Überzeugung, dass der Körper ein Abbild des Mikrokosmos von Natur und Gesellschaft ist. Die Lebensenergie Qi fließt in Kanälen (Meridianen), die Organe verbinden, durch unseren Körper. Leben entsteht durch den Aufbau von Qi, der Tod ist dessen Auflösung. TCM-Heiler streben nach der Wiederherstellung des Qi-Gleichgewichts durch Ausgleich von Yin (passiv, innerlich) und Yang (aktiv, äußerlich), den beiden dynamischen Kräften im menschlichen Körper wie auch im Universum. Herrscht ein Gleichgewicht zwischen diesen beiden zyklischen Kräften, ist ein Mensch gesund, wird es gestört, so führt dies zu einer Erkrankung. Zu den wichtigen Behandlungsmethoden der TCM zählt die Akupunktur, bei der an bestimmten Punkten dünne Nadeln in den Körper gestochen werden, um Schmerzen zu lindern oder andere Krankheitserscheinungen zu behandeln. Sie ist die weltweit am häufigsten angewandte TCM-Methode. Da noch kein wissenschaftlicher Nachweis für ihre Wirksamkeit vorliegt, betrachtet die Schulmedizin die TCM als Pseudowissenschaft.

3-SEKUNDEN-DOSIS

Die TCM beruht auf alten Heiltraditionen, in denen der Ausgleich der Kräfte Yin und Yang durch pflanzliche Heilmittel und Akupunktur eine wichtige Rolle spielt.

3-MINUTEN-KUR

Die ganzheitliche TCM wurde im Laufe der Zeit durch Elemente des indischen Ayurveda, buddhistische Traditionen sowie die Heilkunst zahlreicher anderer Völker bereichert und berücksichtigt bei der Heilung stets Geist und Seele. Vier Werke unbekannter Autoren bilden den Grundstock der TCM-Tradition: das früheste ist das *Huangdi neijing*, das auf das 3. Jahrhundert v. Chr. zurückgeht und die theoretische Grundlage der TCM bildet. So blicken chinesische Kräuterheilmittel und Akupunktur auf eine lange Geschichte von über 2200 Jahren zurück.

VERWANDTE THEMEN

SCHAMANEN & HEXENDOKTOREN
Seite 14

HIPPOKRATES
Seite 18

HOMÖOPATHIE
Seite 20

3-SEKUNDEN-BIOGRAFIE

LI SHIZHEN
1518–1593

Chinesischer Arzt, Pharmakologe, Kräuterkundiger, Akupunkteur und Universalgelehrter, dessen 1596 posthum veröffentlichtes Kompendium *Bencao Gangmu* 1892 Substanzen und 11 000 Rezepte zur Behandlung verschiedener Krankheiten enthält

30-SEKUNDEN-TEXT

Joanna Matthan

Akupunkteure versuchen, durch Stiche an bestimmten Körperpunkten den Fluss des Qi wiederherzustellen. Diese uralte Technik ist auch heute noch weitverbreitet.

足陽明胃經
藥

GROSSE FORTSCHRITTE

GROSSE FORTSCHRITTE
GLOSSAR

Akute Erkrankung Meist sind die Symptome schwerwiegender Natur und treten schnell und plötzlich auf.

Antiseptikum Substanz, die auf lebendes Gewebe oder auf die Haut aufgetragen wird, um die Gefahr einer Infektion zu verringern.

Blutgefäß (Ader) Röhrenförmige Struktur, in der das Blut durch den Körper transportiert wird. Man unterscheidet drei Haupttypen: Venen (Blutadern), Arterien (Schlagadern) und Kapillaren (Haargefäße).

Blutgruppe Klassifizierung nach dem Vorhandensein bestimmter Substanzen im Blut eines Individuums. Es gibt vier Hauptblutgruppen: A, B, AB und 0. Die Blutgruppe ist genetisch festgelegt, sie wird von den Eltern an ihre Kinder vererbt.

Chronische Erkrankung Entwickelt sich meist langsam und dauert lang an. Als typische chronische Erkrankungen gelten über drei Monate andauernde.

DNA Desoxyribonukleinsäure (DNA) ist ein Molekül, das die für Entwicklung, Funktion und Vermehrung aller bekannten lebenden Organismen entscheidende Erbinformation trägt.

Einbalsamierung Behandlung eines Leichnams oder von Teilen dessen zum zeitweiligen Schutz vor Verwesung. Eine dauerhafte Leichenkonservierung wird als Mumifizierung bezeichnet. In beiden Fällen kommen chemische Stoffe zum Einsatz.

Embryo Tier (inkl. Mensch) in der Anfangsphase seines Wachstums nach der Zeugung – beim Menschen vom Zeitpunkt der Einnistung in der Gebärmutter bis zum Ende der achten Woche Schwangerschaftswoche.

Fötus (Fetus) Auf die Embryonalperiode folgende Phase des Wachstums insbesondere bei Säugetieren, in der alle wesentlichen erkennbaren Merkmale ausgebildet werden. Beim Menschen von der neunten Schwangerschaftswoche bis zur Geburt.

Gentherapie Experimentelle Therapieform, bei der Krankheiten mithilfe der Gentechnik behandelt oder verhindert werden. Die drei Hauptmechanismen sind dabei: 1. Ersetzung eines mutierten (dauerhaft veränderten) Gens, das eine Krankheit verursacht, durch ein intaktes; 2. Abschalten eines mutierten Gens (Gen-Knockout), das nicht funktioniert; und 3. Einbringen eines neuen Gens in den Körper (Transfektion).

Myoelektrisches Signal Elektrischer Impuls, der die Kontraktion von Muskelfasern im Körper auslöst – zum Beispiel bei den Skelettmuskeln, die willkürliche Bewegungen steuern.

Sehne Kräftiges Band aus faserigem Bindegewebe, das typischerweise Muskel und Knochen verbindet. Sehnen halten die bei Muskel- und Knochenbewegungen entstehenden Spannungen aus.

Sonografie Die umgangssprachlich als Ultraschall bezeichnete Methode verwendet hochfrequente Schallwellen, um Strukturen des Körpers sichtbar zu machen. Das Ultraschallbild wird fachsprachlich als Sonogramm bezeichnet.

Vene Blutgefäß und Teil des Blutkreislaufsystems des Körpers. Transportiert hauptsächlich sauerstoffarmes Blut zurück zum Herzen.

ORGANSPENDE & TRANSPLANTATION

30 Sekunden Medizin

3-SEKUNDEN-DOSIS
Die Transplantation ist ein chirurgisches Verfahren, bei dem ein Organ oder Gewebe von einem lebenden oder toten Spender auf einen Empfänger übertragen wird.

3-MINUTEN-KUR
Von der Organspende ist die Körperspende zu unterscheiden, bei der eine Person ihren Leichnam einer Universität zu Lehr- und Forschungszwecken oder auch zur Plastination vermacht. Dazu wird der Körper als Ganzes einbalsamiert und kein Gewebe lebenden Empfängern transplantiert. Die gespendeten Leichen werden für die Sezierung oder für chirurgische Eingriffe verwendet. Die Körperspende ist im jeweiligen Land durch Gesetze geregelt.

Hat ein Organ größeren Schaden erlitten, kann dem Patienten ein Spenderorgan transplantiert werden. Die betreffenden Organe können Spendern möglichst bald nach ihrem Tod (je nach Land Hirntod oder Hirn- und Herztod) entnommen werden. In bestimmten Fällen sind auch Lebendspenden möglich. Zu den häufiger transplantierten Organen gehören Herz, Nieren, Leber, Lunge, Bauchspeicheldrüse, Darm und Thymus, bei den Geweben sind es Hornhaut, Haut, Knochen, Sehnen, Herzklappen, Nerven und Blutgefäße. Das am häufigsten transplantierte Organ ist die Niere. Die Organ- und Gewebespende kann nur bei bestimmten genetischen Übereinstimmungen erfolgen. So stößt der Körper des Empfängers das Gewebe bei nichtkompatibler Blutgruppe ab. Die notwendige Kompatibilität zwischen Spender und Empfänger führt zu langen Wartelisten, und oft sterben Patienten an Organversagen, bevor ein geeigneter Spender gefunden wird. Bei Organen wie der Leber, bei der die Entnahme eines Teils ausreicht, oder bei Organen wie den Nieren, die paarig angelegt sind und bei denen es möglich ist, nur mit einer zu leben, spenden oft Familienmitglieder Organe für ihre erkrankten Angehörigen. Während Lebendspenden gut zu planen sind, treten Organspenden von Verstorbenen unvorhersehbar auf, sodass die Transplantation umgehend eingeleitet und gut durchorganisiert werden muss, denn Gewebe stirbt mitunter innerhalb von sechs Stunden ab.

VERWANDTE THEMEN
BIONISCHE ORGANE
Seite 42

3-D-DRUCK & BIOPRINTING
Seite 64

3-SEKUNDEN-BIOGRAFIE
JOSEPH EDWARD MURRAY
1919–2012
Amerikanischer Chirurg, der 1954 die erste längerfristig erfolgreiche Nierentransplantation durchführte und 1990 mit dem Nobelpreis für Physiologie oder Medizin ausgezeichnet wurde

30-SEKUNDEN-TEXT
Gabrielle M. Finn

Organtransplantationen sind durchorganisierte Operationen, wobei im Falle von toten Spendern die Zeit bis zur Entnahme von entscheidender Bedeutung ist.

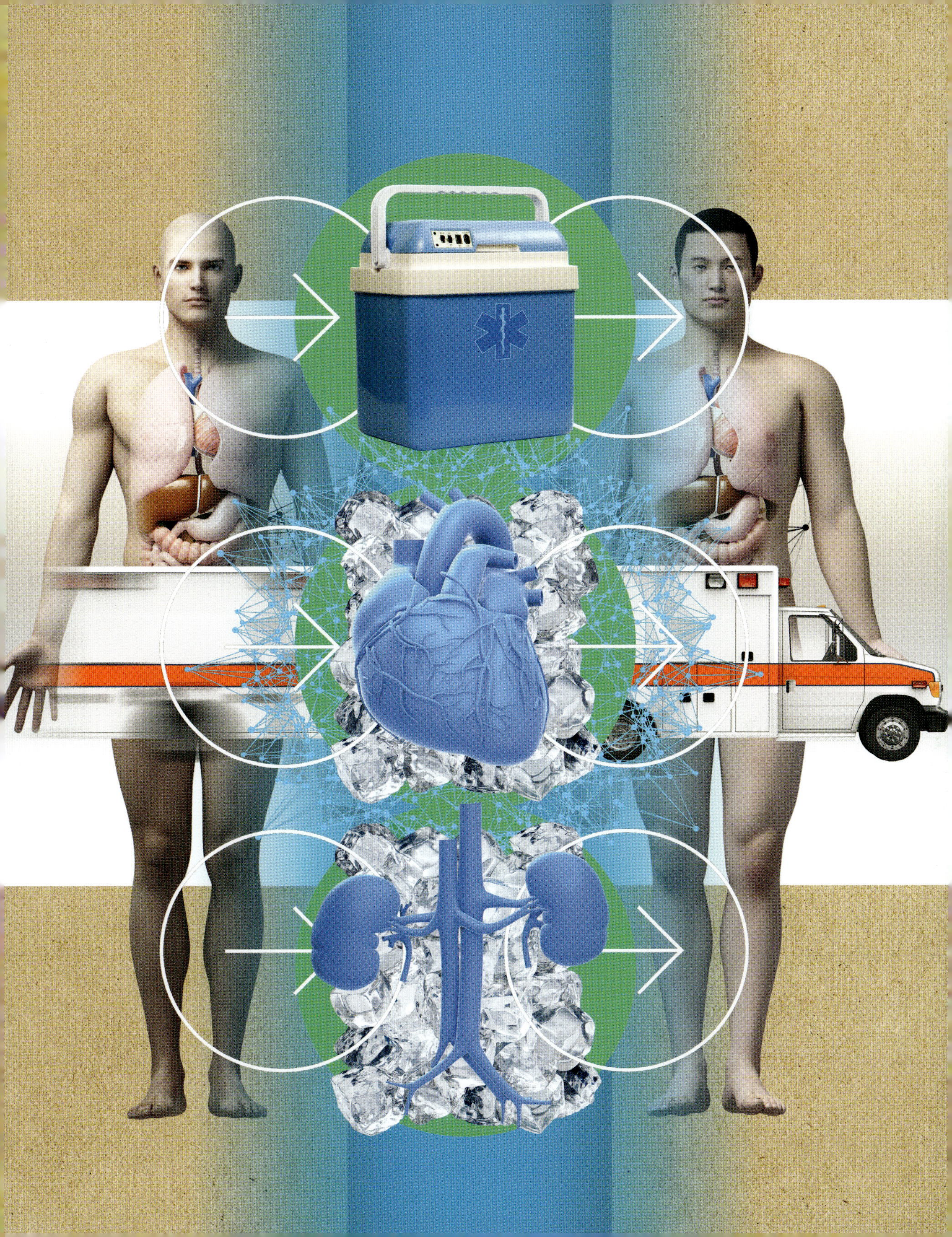

IN-VITRO-FERTILISATION (IVF)

30 Sekunden Medizin

IVF kann den Kinderwunsch trotz Fruchtbarkeitsproblemen erfüllen. Die Bezeichnung »Retortenbabys« für so gezeugte Kinder rührt von der Retorte, einem in der Chemie verwendeten Glasgefäß, her. Bei der IVF entnimmt ein Arzt den Eierstöcken – die zuvor durch Hormongabe zu deren Reifung stimuliert wurden, wobei das Follikelwachstum mittels Ultraschall überwacht wird – mehrere reife Eizellen. Diese werden in einem Reagenzglas mit dem Sperma zusammengebracht, sodass die Spermien um die Befruchtung der Eizelle konkurrieren. Sobald ein Spermium eine Eizelle befruchtet hat, entsteht ein Embryo, der für einige Tage unter optimalen Bedingungen im Labor heranwächst – wie lange, hängt von der Qualität des Embryos ab. Der Embryo wird dann durch einen in die Scheide der Mutter eingeführten Katheter in ihre Gebärmutter transferiert. Leihmutterschaft ist im deutschsprachigen Raum verboten. Eine Hormonbehandlung der Mutter erhöht die Wahrscheinlichkeit, dass der Embryo sich in die Gebärmutterschleimhaut (Endometrium) einnistet und sich zu einem Baby entwickelt. In einigen Fällen wird auch mehr als ein Embryo implantiert, was zu Mehrfachgeburten führen kann. Je nach Land können sich auch gleichgeschlechtliche Paare oder Einzelpersonen durch IVF oder ICSI ihren Kinderwunsch erfüllen. In beiden Fällen ist eine Samen- oder Eizellenspende nötig, gegebenenfalls auch das wiederum nicht überall gestattete Austragen durch Leihmütter.

3-SEKUNDEN-DOSIS
Bei der IVF wird eine Eizelle außerhalb des Körpers in vitro (»im Glas«) mit Spermien befruchtet.

3-MINUTEN-KUR
Bei der klassischen IVF wird die Eizelle in einem Reagenzglas mit Sperma zusammengebracht (spontane Befruchtung), es werden keine Spermien injiziert. IVF wird oft mit der Intrazytoplasmatischen Spermieninjektion (ICSI) verwechselt. Beide Methoden beinhalten die Befruchtung außerhalb des Körpers, doch bei der ICSI wird eine einzelne Samenzelle, das Spermium des Mannes, direkt in das Zytoplasma der Eizelle injiziert. Die ICSI kommt vor allem bei gestörter Beweglichkeit der Spermien oder schlechter Spermienqualität zur Anwendung.

VERWANDTE THEMEN
SONOGRAFIE
Seite 56

EMPFÄNGNISVERHÜTUNG
Seite 74

3-SEKUNDEN-BIOGRAFIEN

ROBERT EDWARDS
1925–2013
Britischer Physiologe und Pionier der In-vitro-Fertilisation, der dafür 2010 mit dem Nobelpreis ausgezeichnet wurde

ROBERT WINSTON
geb. 1940
Britischer Reproduktionsmediziner und Gynäkologe, der für viele Fortschritte in der IVF verantwortlich ist, darunter insbesondere die genetische Untersuchung von Embryonen

LOUISE BROWN
geb. 1978
Das erste Retortenbaby nach IVF wurde im britischen Oldham durch Kaiserschnitt geboren

30-SEKUNDEN-TEXT
Gabrielle M. Finn

IVF kann unfruchtbaren und gleichgeschlechtlichen Paaren ihren Kinderwunsch erfüllen.

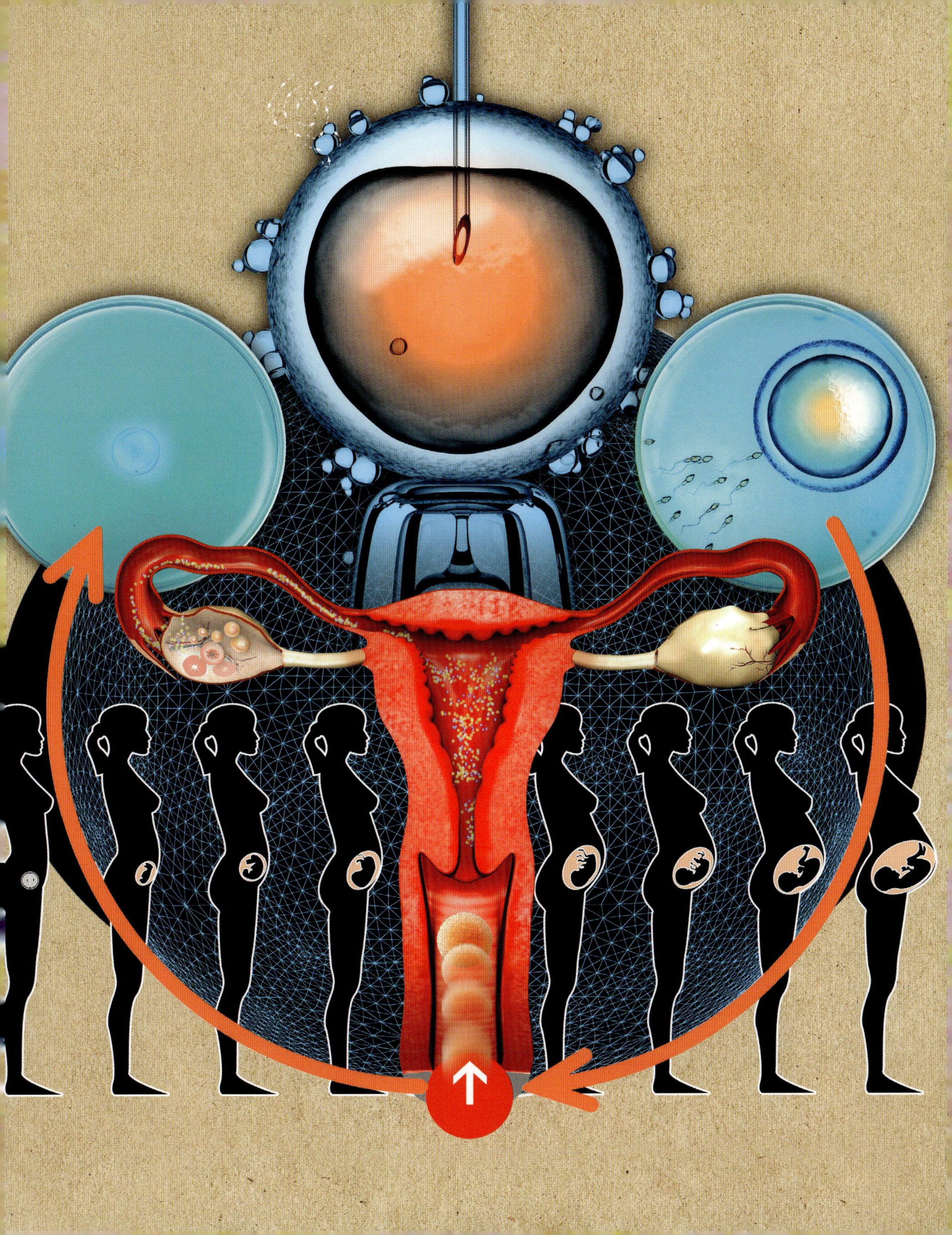

BYPASS & HERZ-SCHRITTMACHER

30 Sekunden Medizin

3-SEKUNDEN-DOSIS
Mit »Bypass« ist meist eine Blutgefäßbrücke zwischen Anfang und Ende einer Engstelle (Stenose) im Blutkreislauf gemeint. Der wohl häufigste ist der Koronararterien-Bypass an den Herzkranzgefäßen.

3-MINUTEN-KUR
Immer häufiger durchgeführt wird aufgrund der Zunahme von Adipositas der Roux-en-Y-Magenbypass. Mit diesem operativen Eingriff wird als Mittel der letzten Wahl bei Fettleibigkeit aus dem oberen Teil des Magens durch Abklammerung ein viel kleinerer sogenannter Magenpouch angelegt und mit einer Dünndarmschlinge verbunden. Der größere Teil des Magens wird so umgangen. Nach der Operation können die Patienten nicht mehr so viel essen und fühlen sich schneller und länger satt.

Zu den häufigsten Behandlungsmethoden bei Herzproblemen, die in den letzten Jahrzehnten entwickelt wurden, gehört die Koronararterien-Bypassoperation. Dabei wird beim Patienten ein Gefäß an anderer Stelle im Körper, meist die *Vena saphena* im Bein, entnommen und transplantiert, um unter Umgehung der durch die Herzerkrankung verengten oder blockierten Gefäße einen alternativen Weg für die Blutzirkulation zu schaffen. Während der etwa sechsstündigen Operation müssen die Chirurgen das Brustbein längs durchtrennen (Sternotomie), um Zugang zum Herzen zu erhalten. Falls gleich mehrere Gefäße betroffen sind, werden auch mehrere Gefäße transplantiert (mehrfacher Bypass). Einen großen Fortschritt in der Medizintechnik stellte die Erfindung des implantierbaren Herzschrittmachers dar. Er wird zur Behandlung von Herzrhythmusstörungen eingesetzt. Ein Herzschrittmacher ist ein kleines Gerät, das in der Brust, seltener auch im Bauchraum des Patienten platziert wird, um den Herzschlag zu steuern. Herzschrittmacher geben bei Bedarf elektrische Impulse ab, damit das Herz gleichmäßig schlägt. Ohne Herzschrittmacher kann ein Patient mit einer Herzrhythmusstörung aufgrund von Müdigkeit, Atemnot oder sogar Ohnmachtsanfällen nicht selten kein normales, aktives Leben führen. Schwere Arrhythmien schädigen oft lebenswichtige Organe und führen zu Bewusstseinsverlust oder sogar zum Tod.

VERWANDTE THEMEN
BLUTTRANSFUSION & -SPENDE
Seite 82

GEFÄSSERKRANKUNGEN
Seite 98

GERINNUNGSHEMMER
Seite 148

3-SEKUNDEN-BIOGRAFIE
WILSON GREATBATCH
1919–2011
Amerikanischer Erfinder und Ingenieur, der den ersten implantierbaren Herzschrittmacher entwickelte

30-SEKUNDEN-TEXT
Gabrielle M. Finn

Bypässe und implantierbare Herzschrittmacher haben die Behandlung von Herzerkrankungen revolutioniert.

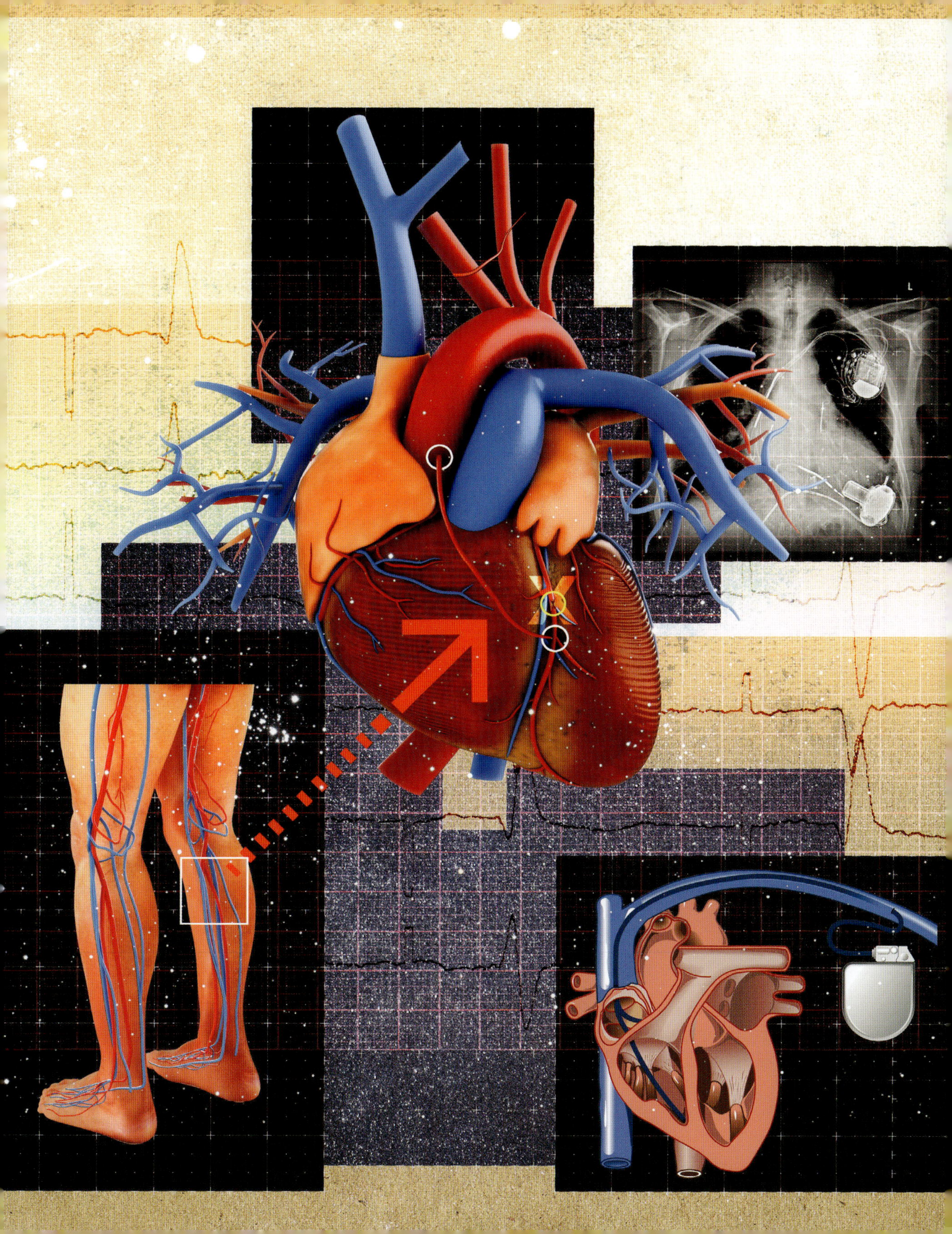

DAS HUMANGENOM-PROJEKT (HGP)

30 Sekunden Medizin

3-SEKUNDEN-DOSIS
Mit dem Humangenomprojekt wurde das Genom (Erbgut), der vollständige Satz von DNA-Molekülen und Genen des Menschen, entschlüsselt.

3-MINUTEN-KUR
DNA-Moleküle bestehen aus zwei gepaarten Strängen, die sich winden und eine doppelte spiralförmige Struktur (Doppelhelix) bilden. Jeder Strang besteht aus vier chemischen Grundeinheiten, den sogenannten Nukleinbasen (DNA-Basen) Adenin (A), Guanin (G), Cytosin (C) und Thymin (T). Basen auf gegenüberliegenden Strängen bilden Basenpaare: A mit T und C mit G. Das menschliche Genom enthält rund drei Milliarden Basenpaare. Gene sind Abschnitte der DNA, von denen ein jeder ein bestimmtes Protein codiert.

Unser Genom ist der vollständige Satz von Anweisungen, um jede Zelle in unserem Körper herzustellen. Das Humangenomprojekt kartierte in dreizehn Jahren vollständig das menschliche Genom (Erbgut). Es zählt damit zu den größten Fortschritten in den Naturwissenschaften. Die erforderlichen DNA-Proben lieferten anonyme Freiwillige. Weibliche DNA-Proben wurden aus dem Blut gewonnen, männliche aus Spermaproben. Das HGP konnte seine Aufgabe nur dank einer weltweiten Zusammenarbeit erfüllen, und so gehörten dem internationalen Forschungsverbund des HGP Institutionen aus den USA, Großbritannien, Frankreich, Deutschland, Japan und China an, die die Sequenzierung durchführten. Insgesamt waren über 200 Labore an der Kartierung des Genoms beteiligt. Die Entschlüsselung des genetischen Codes bringt enorme Vorteile mit sich. Wir verstehen die menschliche Evolution, genetische Krankheiten und Mutationen nun besser. Das HGP ermöglicht verbesserte Gentests, die Entwicklung neuer Gentherapien und maßgeschneiderter Medikamente sowie die genaue Lokalisierung von Genen im Zusammenhang mit genetischen Krankheiten wie Mukoviszidose. Doch das Projekt lässt auch ethische Bedenken aufkommen, denen mit ELSI (*Ethical, Legal and Social Implications*) Rechnung getragen werden soll. Diskriminierung bei der Anstellung und durch die Krankenversicherung aufgrund genetischer Veranlagungen oder obligatorische Gentests in der Medizin sind nur einige dieser Bedenken.

VERWANDTE THEMEN
STAMMZELLEN & TISSUE ENGINEERING
Seite 60

MUKOVISZIDOSE
Seite 108

3-SEKUNDEN-BIOGRAFIE
CHARLES DELISI
geb. 1941
Amerikanischer Biomediziner, Professor an der Boston University und Mitinitiator des Humangenomprojekts; wurde dafür von Bill Clinton mit der *Presidential Citizens Medal* ausgezeichnet

30-SEKUNDEN-TEXT
Gabrielle M. Finn

Das weltumspannende Projekt zur Kartierung des menschlichen Genoms, der genetischen Information unseres Körpers, gehört zu den größten Errungenschaften in der Geschichte der Medizin.

1827
Geburt in Upton, England

1838
Besuch der Grove House School in Tottenham, London

1844
Studium der Medizin am University College London

1852
Mitglied des *Royal College of Surgeons*, Beginn seiner Karriere als Chirurg in Edinburgh

1856
Heirat mit der Tochter seines Professors

1860
Berufung zum Professor für Chirurgie in Glasgow

1861
Chirurg am Königlichen Krankenhaus in Schottland

1865
Einführung der antiseptischen Chirurgie

1883
Ritterschlag

1891
Vorsitzender des britischen Instituts für Präventivmedizin

1893
Tod seiner Ehefrau in Italien während eines seltenen gemeinsamen Urlaubs, Lister versinkt in religiöser Melancholie und verliert seine Lebenslust

1896
Ruhestand nach einem langen Leben im Dienste der medizinischen Forschung und Praxis

1902
Lebensretter von König Edward VII. durch Information zu antiseptischen Operationsverfahren bei der Appendektomie (Entfernung des Wurmfortsatzes am Blinddarm), als niemand anderer die Verantwortung übernehmen wollte

1912
Tod in seinem Landhaus in Kent im Alter von 84 Jahren

JOSEPH LISTER

Joseph Lister hat eigenhändig unzählige Leben gerettet. In den Operationssälen und Krankenstationen herrschten vor Lister Tod, Schmutz und Infektionen, die Kleidung der Chirurgen, die sich die Hände meist erst nach der Operation wuschen, war voller Blut und Eiter. Die Ärzte wechselten vom Operationssaal in die Krankenstationen, zur Autopsie und wieder zurück, ohne auf Sauberkeit zu achten. Der bescheidene und zutiefst religiöse englische Chirurg Joseph Lister fand sich aber nicht damit ab, dass Sepsis durch postoperative Wundinfektionen als Schicksal galt. Deshalb suchte er nach einer antiseptischen Operationsweise, um diese tödlichen Infektionen zu verhindern. Er hatte die Keimtheorie des französischen Mikrobiologen Louis Pasteur studiert, die mit seinem eigenen Befund zur Ausbreitung der Infektionen übereinstimmte. So hatte er bei Knochenbruch-Operationen eine höheren Sterblichkeit durch Infektionen festgestellt, wenn die umgebende Haut bei der Verletzung ebenfalls durchbohrt worden war. Deshalb begann er damit, sich vor der Operation die Hände zu waschen, trug saubere Kleidung und reinigte chirurgische Geräte und Wunden mit Karbolsäure, dem ersten weitverbreiteten Antiseptikum.

Lister wurde in Essex geboren und entwickelte schon früh ein Interesse für die Chirurgie. Sein Vater, ein wohlhabender Weinhändler, der auch Erfinder war, sorgte für eine umfassende Allgemeinbildung seines Sohnes vor dem Medizinstudium in London. Nach erfolgreichem Studienabschluss wurde Lister zum Mitglied des *Royal College of Surgeons* ernannt. Auf Empfehlung nahm er eine Assistentenstelle bei James Syme, Professor für Klinische Chirurgie in Edinburgh, an, der ihn weiter ausbildete und dessen Tochter er später heiratete. 1860 wurde er als Professor für Chirurgie nach Glasgow berufen.

Listers hartnäckiges Festhalten an Visionen und sein unermüdliches Experimentieren trugen schließlich Früchte in Form seiner bahnbrechenden Arbeiten zu Antisepsis und Infektionskontrolle sowie der Einführung antiseptischer Operationstechniken. Zuvor musste er jedoch lange gegen den vorherrschenden Glauben ankämpfen, dass postoperative Wundinfektionen auf wundersame Weise aus der Wunde selbst entstünden. Außerdem machte ihm die Engstirnigkeit seiner Kollegen zu schaffen, die ihn bei jeder Gelegenheit verspotteten. Da jedoch die Zahl der Todesfälle durch Infektionen nach einer Operation unter Anwendung seiner Methoden deutlich sank, übernahmen die Chirurgen nach einiger Zeit seine antiseptischen Techniken.

Der grundlegende Einfluss auf die Medizin des unter anderem als »Vater der modernen Antisepsis«, »Vater der modernen Medizin« und »Vater der modernen Chirurgie« bekannten Lister ist heute in den Krankenhäusern rund um den Globus nicht zu übersehen. Die Listerienbakterien, die als Krankheitserreger in verunreinigten Lebensmitteln vorkommen, sind nach ihm benannt, und wer das Mundwasser *Listerine* gurgelt, ehrt damit seine Arbeit im Kampf gegen die Sepsis.

Joanna Matthan

DIALYSE

30 Sekunden Medizin

Die Nieren entfernen Abfallstoffe und überschüssige Flüssigkeit über den Urin aus dem Körper. Die Urinproduktion hält das Gleichgewicht der Körperchemikalien im Lot. Bei Patienten mit chronischem Nierenversagen ist diese Fähigkeit zur Entsorgung von Giftstoffen aus dem Körper vermindert, sodass sich bei Nichtbehandlung Abfallprodukte und Flüssigkeiten im Körper bis auf ein gefährliches Niveau ansammeln. In der Folge fühlt sich der Patient sehr unwohl und kann sogar sterben. In diesem Fall kommt die Dialyse als Behandlung zum Einsatz, die den Körper bei der Herausfilterung unerwünschter Stoffe unterstützt. Es werden zwei Verfahren unterschieden: Hämodialyse und Peritonealdialyse. Die Hämodialyse findet außerhalb des Körpers in einer Dialysemaschine statt. Das Blut des Patienten gelangt von seinem Arm über einen Katheter in den Hauptbereich der Maschine, wo es filtriert wird, und über einen weiteren Katheter zurück in den Arm. Manchmal müssen die Blutgefäße für die Blutentnahme und -rückleitung operativ erweitert werden. Die Hämodialyse wird mehrere Male pro Woche meist im Krankenhaus vorgenommen. Die Peritonealdialyse (Bauchfelldialyse) lässt sich dagegen problemlos zu Hause durchführen, bevorzugt im Schlaf. Dabei wird das Bauchfell (Peritoneum) des Patienten genutzt, um Flüssigkeiten und Abfallstoffe aus dem Blut über einen permanenten Schlauch auszutauschen, der mit einem externen Dialysegerät verbunden ist.

3-SEKUNDEN-DOSIS
Die Dialyse kommt als künstliches Verfahren zur Entfernung von Giftstoffen und überschüssigem Wasser aus dem Blut bei Patienten zum Einsatz, deren Nieren dies nicht auf natürliche Weise erledigen.

3-MINUTEN-KUR
Auf der Intensivstation kann ein Patient einer Hämofiltration unterzogen werden. Diese Sonderform der Hämodialyse beruht auf Konvektion und nicht auf Diffusion. Das Blut des Patienten wird in ähnlicher Weise wie bei der herkömmlichen Dialyse gefiltert, und die entzogene Flüssigkeit durch eine Elektrolytlösung ersetzt. Die Hämofiltration ist insbesondere bei Patienten mit akutem Nierenversagen, Sepsis oder Multiorganversagen angebracht.

VERWANDTES THEMA
ORGANSPENDE
& -TRANSPLANTATION
Seite 30

3-SEKUNDEN-BIOGRAFIE
WILLEM JOHAN KOLFF
1911–2009
Niederländischer Internist und Pionier der Hämodialyse sowie künstlicher Organe, der 1943 das erste funktionierende Dialysegerät baute und 1945 erstmals einer Patientin durch Dialyse das Leben rettete

30-SEKUNDEN-TEXT
Gabrielle M. Finn

Die Dialyse bildet die normalerweise von den Nieren ausgeübte Giftstoffbeseitigung nach.

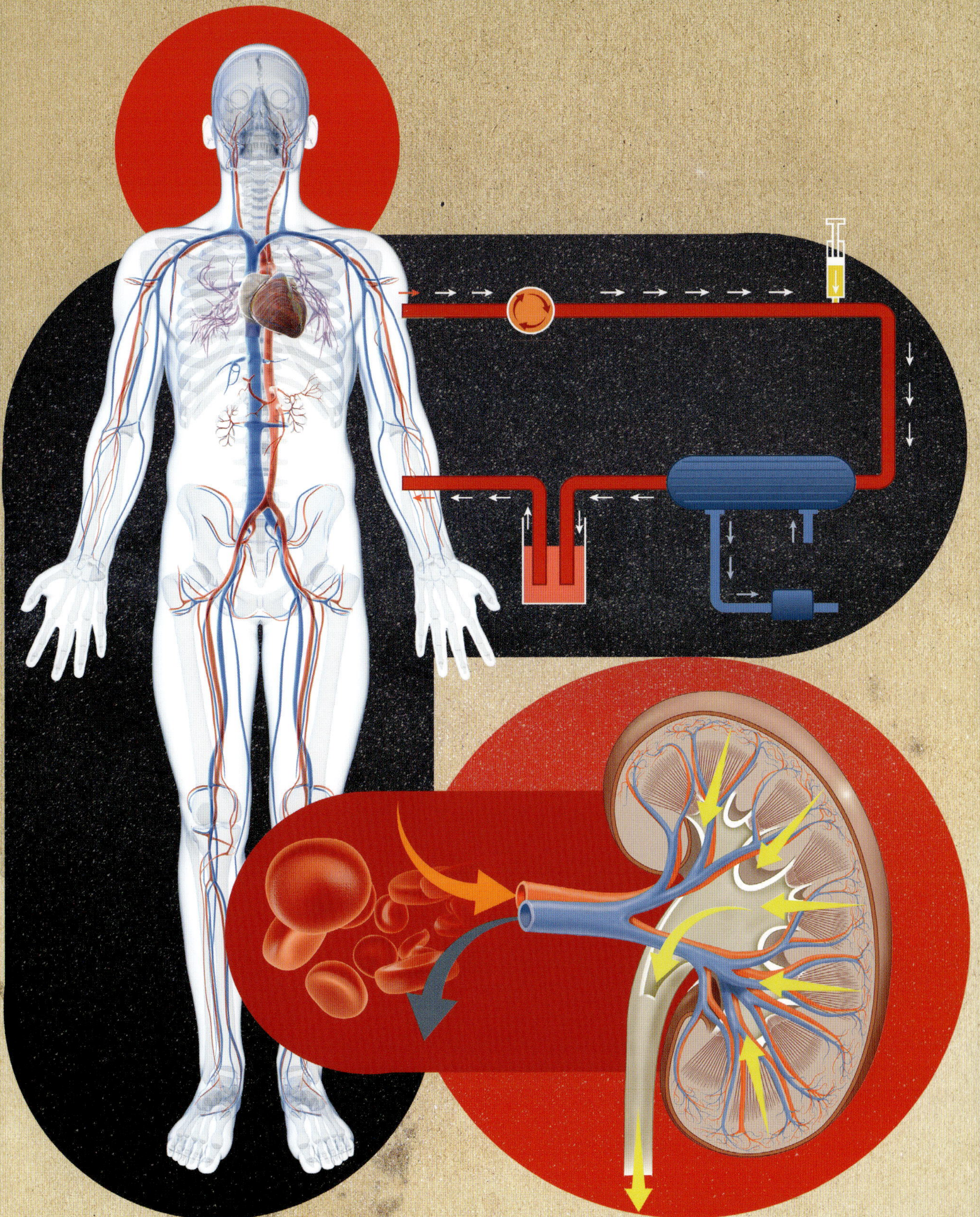

BIONISCHE ORGANE

30 Sekunden Medizin

3-SEKUNDEN-DOSIS
Bionische Organe werden künstlich hergestellt und anschließend dem Patienten implantiert, wo sie nicht funktionierende natürliche Organe ersetzen.

3-MINUTEN-KUR
Forscher arbeiten an Wegen zur Zucht menschlicher Organe in Tierwirten. Zu den derzeit untersuchten Techniken gehören die Implantation menschlicher Stammzellen in tierische Embryonen oder die Transplantation von Organen aus abgetriebenen menschlichen Föten in tierische Wirte, wo die Organe vor der Transplantation in Menschen heranwachsen können.

Bionische Organe sind technische Meisterleistungen, da sie ermöglichen, die Funktion fehlender Körperteile wiederherzustellen, ohne die Frage der Kompatibilität von Spender und Empfänger zu berücksichtigen. Die Bionik hat unter anderem schon bei Herz, Bauchspeicheldrüse, Augen und Ohren Anwendung gefunden. Die ersten Entwürfe für Kunstherzen stammen aus den späten Vierzigerjahren. Ihre Implantation wäre jedoch riskanter gewesen als die eines Spenderorgans. Deshalb arbeiteten die Forscher weiter an der Entwicklung biokompatibler Materialien, die das menschliche Immunsystem glauben lassen, das Kunstherz sei ein natürlicher Teil des Körpers. Dies ebnete den Weg für große Fortschritte, zu denen das bionische Ohr gehört. Auch als Cochlea-Implantat bezeichnet, erzeugt es auditive Sinneswahrnehmungen, indem es die Nerven im Ohr elektrisch stimuliert. Dazu werden Geräusche erst in digitalen Code umgewandelt und dieser darauf in elektrische Impulse, die über Elektroden im Innenohr (Cochlea) den Nerv der Cochlea stimulieren. Dieser sendet die Impulse ans Gehirn weiter, das sie als Schall interpretiert. Außerdem ist Forschern im Labor die Züchtung voll funktionsfähiger menschlicher Miniaturnieren aus Hautstammzellen gelungen – man hofft, diese in Zukunft bis zu für die Transplantation geeigneten Organen heranwachsen lassen zu können.

VERWANDTE THEMEN
ORGANSPENDE & -TRANSPLANTATION
Seite 30

KÜNSTLICHE GLIEDMASSEN
Seite 62

3-D-DRUCK & BIOPRINTING
Seite 64

3-SEKUNDEN-BIOGRAFIEN
GRAEME CLARK
geb. 1935
Australischer Hals-Nasen-Ohren-Arzt und Chirurg, der an der Entwicklung eines bionischen Ohrs beteiligt war

STELIOS ARCADIOU
geb. 1946
Als Stelarc bekannter zypriotisch-australischer Performance-Künstler mit drittem Ohr am Unterarm

30-SEKUNDEN-TEXT
Gabrielle M. Finn

Bionische Organe treten an die Stelle von Spenderorganen. Im Zug der Fortschritte bei Material und Technologien dürften sie in Zukunft noch häufiger zum Einsatz kommen.

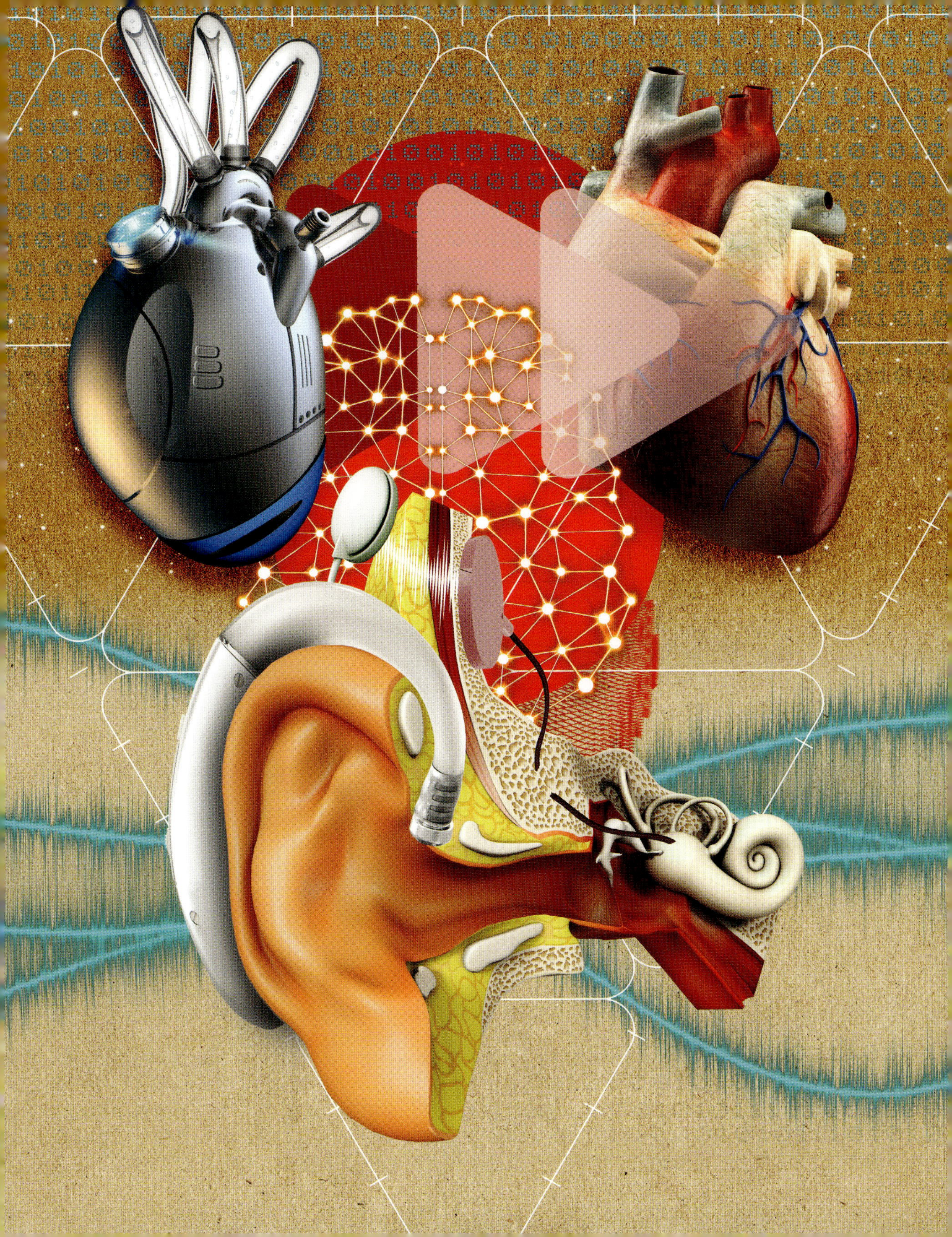

MINIMALINVASIVE CHIRURGIE (MIC)

30 Sekunden Medizin

3-SEKUNDEN-DOSIS
Für operative Eingriffe sind bei der MIC nur winzige Schnitte statt größerer Öffnungen erforderlich, sodass Patienten meist schneller genesen und weniger Beschwerden haben als bei einer konventionellen Operation.

3-MINUTEN-KUR
Die Roboterchirurgie (roboterassistierte Chirurgie) verbessert die minimalinvasive Chirurgie zusätzlich. Chirurgen benutzen Roboterarme oder Computer zur Handhabung von Instrumenten, statt sie von Hand zu steuern. Die Roboter- und Computersysteme verfügen über ein hochauflösendes 3-D-Bildverarbeitungssystem und Instrumente, die sich weitaus stärker biegen und drehen lassen als die menschliche Hand. Da die Chirurgen mehr sehen und die Instrumente besser steuern können, arbeiten sie mit höherer Präzision.

Die minimalinvasive Chirurgie kommt immer häufiger zum Einsatz, denn sie erfordert kleinere Schnitte, verursacht weniger Schmerzen und ist in der Regel mit einer schnelleren Genesung der Patienten verbunden. Bei der traditionellen Chirurgie verschafft sich das Operationsteam in der Regel mit einem oder zwei großen Schnitten Zugang zu einer Körperhöhle, bei minimalinvasiven Verfahren dagegen mit mehreren winzigen Schnitten in der Haut. Ein Endoskop (dünnes Instrument mit Miniaturkamera) wird durch einen der Schnitte eingeführt und dessen Bilder der von der Operation betroffenen Körperbereiche, die sich bei Bedarf vergrößern lassen, auf Monitore im Operationssaal projiziert. Durch die anderen Öffnungen werden speziell entwickelte Instrumente zur Durchführung der Operation eingeführt. Im seltenen Bedarfsfall – wenn der Chirurg mehr Zugang benötigt oder es zu einer Komplikation kommt – lässt sich eine minimalinvasive Operation auch während des Eingriffs auf das traditionelle Verfahren umstellen. Organe wie Gallenblase, Nieren und Teile der Leber können alle mithilfe minimalinvasiver Verfahren entfernt werden. Auch wenn eine minimalinvasive Operation länger dauern kann als eine herkömmliche, überwiegen die Vorteile. Zu den Verfahren, die in jüngster Zeit durch den Einsatz von Robotertechnologie zusätzlich verbessert wurden, gehören die Hysterektomie (Gebärmutterentfernung) und der Herzklappenersatz.

VERWANDTE THEMEN

BIONISCHE ORGANE
Seite 42

KÜNSTLICHE GLIEDMASSEN
Seite 62

3-SEKUNDEN-BIOGRAFIE
HANS CHRISTIAN JACOBAEUS
1879–1937
Schwedischer Internist und Pionier der Laparoskopie und Thorakoskopie sowie der endoskopischen Ausbildung für praktizierende Ärzte

30-SEKUNDEN-TEXT
Gabrielle M. Finn

Fortschritte in der minimalinvasiven Chirurgie und der zunehmende Einsatz von Robotern sind für die Patienten von großem Vorteil.

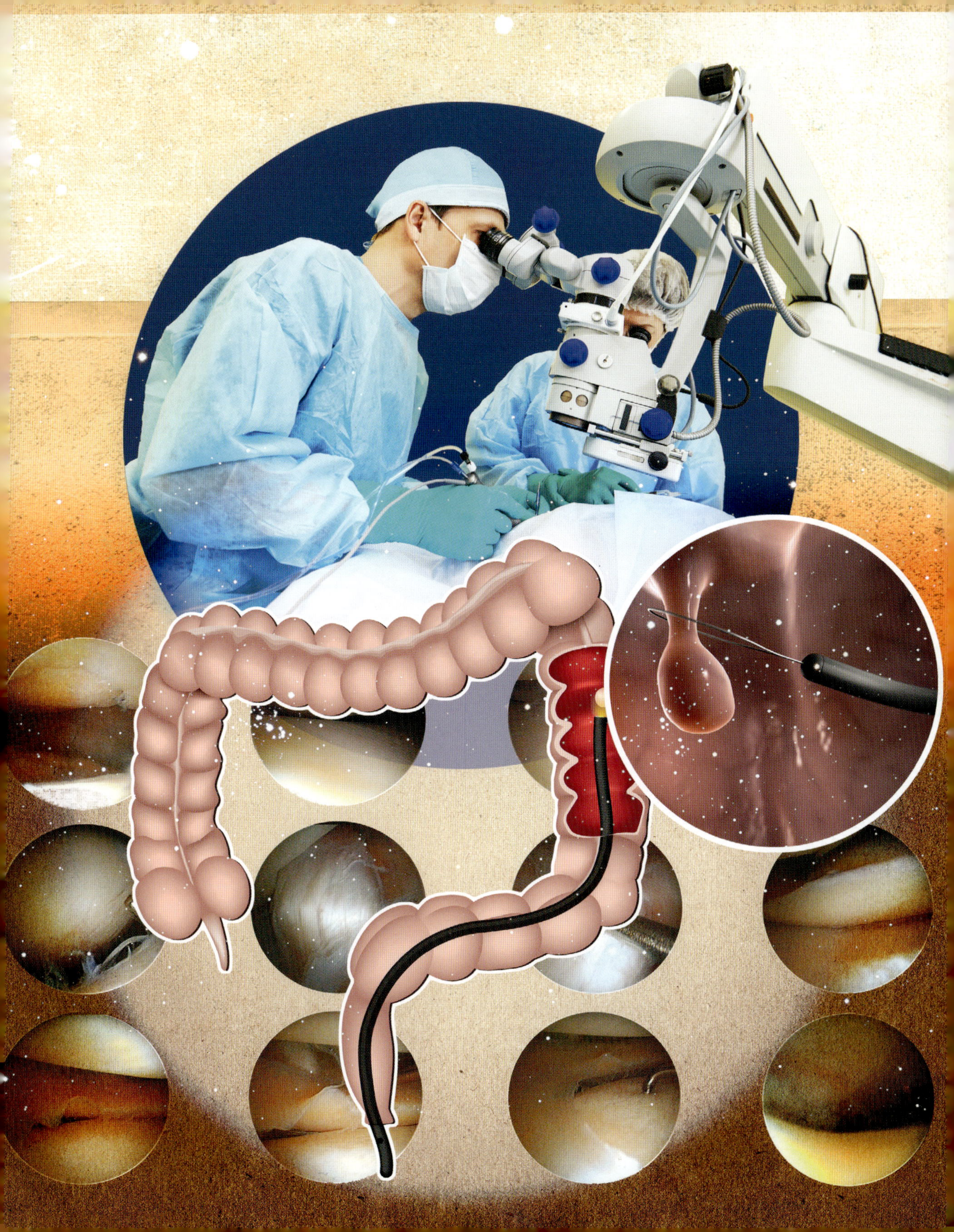

BILDGEBUNG & TECHNOLOGIEN

BILDGEBUNG & TECHNOLOGIEN
GLOSSAR

Blastozyste Embryo etwa fünf bis sechs Tage nach der Befruchtung.

Elektrisches Feld Bereich in der Nähe eines elektrisch geladenen Objekts.

Elektromagnetische Strahlung (Welle) Omnipräsente Energieform. Tritt beispielsweise als Radiowellen, Mikrowellen, Röntgen- und Gammastrahlen auf. Auch das sichtbare Licht ist eine Form der elektromagnetischen Strahlung.

Geweberegeneration Erneuerung und Förderung des Wachstum von Geweben.

Ionisierende Strahlung Strahlung, die während einer Wechselwirkung mit einem Atom Elektronen aus seinem Orbit entfernen kann; das Atom weist danach eine Ladung auf – ist ionisiert. Dazu gehören Röntgen- und Gammastrahlung.

Magnetfeld Bereich um ein magnetisches Material oder eine sich bewegende elektrische Ladung, in dem die Kraft des Magnetismus wirkt.

Muskelinnervation Funktionelle Versorgung eines Muskels mit Nervengewebe. Die Innervation ist für dessen Bewegung verantwortlich.

Myoelektrische Prothese Extern angetriebene künstliche Gliedmaßen, die durch die natürlich erzeugten elektrischen Signale aus den Muskeln des Trägers gesteuert werden.

Phantomschmerzen Werden nicht selten nach einer Amputation im nicht mehr vorhandenen Körperteil empfunden. Der Patient lokalisiert sie oft sehr genau außerhalb des Körpers.

Piezoelektrische Kristalle Kristalle, in denen unter mechanischer Belastung eine elektrische Potenzialdifferenz zwischen gegenüberliegenden Flächen entsteht. Der wichtigste piezoelektrische Kristall ist Quarz.

Piezoelektrizität Erzeugung von elektrischem Strom oder elektrischer Ladung durch elastische Verformung bei bestimmten Arten von Kristallen.

Radiowelle Elektromagnetische Welle mit einer Wellenlänge zwischen einem Millimeter und 30 Kilometern bzw. einer Frequenz zwischen zehn Kilohertz und 300 Gigahertz. Radiowellen kommen in der Fernkommunikation zum Einsatz.

Röntgenopazität Strahlenundurchlässigkeit von Materialien, insbesondere für Röntgenstrahlung.

Schallwelle Störungsmuster, verursacht durch die Bewegung von Energie durch ein gasförmiges Medium wie Luft, durch eine Flüssigkeit oder durch einen beliebigen Feststoff, während sich der Schall von der Quelle in alle Richtungen ausbreitet.

Ultraviolettstrahlung (UV-Licht) Elektromagnetische Strahlung, die für das menschliche Auge nicht sichtbar ist. Ihre Frequenz liegt oberhalb derjenigen des sichtbaren Lichts.

Weichteilgewebe Gewebe im Körper wie Sehnen, Bänder, Haut, Fett, Bindegewebe, Muskeln, Nerven und Blutgefäße.

RÖNTGEN

30 Sekunden Medizin

3-SEKUNDEN-DOSIS
Röntgenstrahlen sind eine Form von elektromagnetischer Strahlung und durchdringen den Körper, sodass sie einen Blick auf dessen Inneres erlauben.

3-MINUTEN-KUR
Röntgenstrahlung kann man zwar weder mit bloßem Auge sehen noch spürt man sie, aber sie weist genug Energie auf, um molekulare Verbindungen aufzubrechen und lebende Zellen zu schädigen. Wird ein Patient öfters geröntgt, führt die ionisierende Wirkung der Röntgenstrahlung zu Schäden. Deshalb sind beim Röntgen spezielle Maßnahmen zum Schutz von Patient und medizinischem Personal erforderlich. Die Fähigkeit, Zellen zu schädigen, hat aber auch ihre positive Seite: Man kann Röntgenstrahlung im Rahmen der Strahlentherapie zum Abtöten von Krebszellen verwenden.

1895 entdeckte Wilhelm Conrad Röntgen eine neue Form der elektromagnetischen Strahlung, die er als »X-Strahlen« bezeichnete und die später nach ihm benannt wurde. Er beobachtete, dass die Röntgenstrahlen, wenn er sie durch ein Objekt leitete, dabei je nach dessen Dichte in unterschiedlichem Maße an Intensität verloren und auf der anderen Seite auf einem Film als verschieden starke Schatten erschienen. Die Entdeckung der Röntgenstrahlen und ihrer Fähigkeit, Gebilde zu durchdringen, führte zu einer Revolution in der Medizin, denn erstmals konnte man das Innere des Körpers ohne invasive Operation sichtbar machen. Ein Röntgenbild wird erzeugt, indem man den Patienten vor einen fotografischen Film oder digitalen Detektor stellt und den zu untersuchenden Körperbereich kurz mit Röntgenstrahlung beschießt. Dichte Körperteile wie Knochen absorbieren die Röntgenstrahlen, sodass sie den Detektor nicht erreichen und auf dem Röntgenbild heller erscheinen. Weichere Strukturen wie die Lunge lassen mehr Röntgenstrahlen passieren und erscheinen dunkler. Schon kurz nach ihrer Entdeckung wurden Röntgenstrahlen erstmals für die Diagnose und Behandlung von Patienten eingesetzt. Von besonderem Nutzen ist das Röntgen für die Untersuchung von Knochen und Gelenken, weil es Brüche und Frakturen sichtbar macht, aber auch bei der Diagnose im Zusammenhang mit Weichteilen, so bei Brustkrebs oder Herzinfarkt, kommen sie zum Einsatz.

VERWANDTE THEMEN
COMPUTERTOMOGRAFIE (CT)
Seite 52

STRAHLENTHERAPEUT
Seite 122

3-SEKUNDEN-BIOGRAFIEN
WILHELM CONRAD RÖNTGEN
1845–1923
Deutscher Physiker, der die Röntgenstrahlung entdeckte und 1901 mit dem ersten Nobelpreis für Physik ausgezeichnet wurde

JOHN MACINTYRE
1857–1928
Schottischer Arzt, der 1896, ein Jahr nach der Entdeckung der Röntgenstrahlen im Lehrkrankenhaus *Royal Infirmary* in Glasgow die weltweit erste Radiologieabteilung eröffnete

30-SEKUNDEN-TEXT
Laura Fitton

Die Entdeckung der Röntgenstrahlen revolutionierte die Medizin. Neben der Bildgebung kommen Röntgenstrahlen auch in der Krebsbehandlung zum Einsatz.

COMPUTER-TOMOGRAFIE (CT)

30 Sekunden Medizin

Die Computertomografie (CT- oder CAT-Scan) hielt 1971 in den Krankenhäusern Einzug. Meist kommen dabei Röntgenstrahlen zum Einsatz, aber im Gegensatz zum Röntgen erzeugt der CT-Scanner nicht zweidimensionale Aufnahmen, sondern dreidimensionale Bilderstapel. Medizinische Computertomografen enthalten unter anderem eine rotierende Röntgenröhre und einen Detektor. Der Patient wird auf einem beweglichen Tisch im CT-Scanner platziert, wo ihn ein schmaler Röntgenstrahl abtastet, sodass aufgrund des je nach Struktur unterschiedlichen Grades der Abschwächung (Absorption) zweidimensionale Schichtbilder, sogenannte Tomogramme, entstehen. Ein Computer verarbeitet die umfangreiche Schichtbildserie, die dem Arzt das Innere seines Patienten vor Augen führt. Indem er einen Schwellenwert für die Röntgenopazität einstellt, erhält er ein 3-D-Modell. CT-Scans zeichnen sich durch eine im Vergleich zu Röntgenbildern hohe Kontrastauflösung aus. Selbst Gewebe, deren Dichte nur wenig voneinander abweicht, lassen sich auseinanderhalten, und CT-Scans vermitteln außerdem ein genaues räumliches Bild der zu untersuchenden Struktur. Deshalb kommt die CT unter anderem bei der Diagnose von – insbesondere komplizierten – Knochenbrüchen, Verletzungen der inneren Organe, Schlaganfällen und Krebs zum Einsatz. Während eines Eingriffs wird die Computertomografie durch medizinische Fachkräfte zur Beobachtung eingesetzt.

3-SEKUNDEN-DOSIS

Beim CT-Scan dienen Röntgenstrahlen und Computer zur Erstellung eines 3-D-Bildes, das die Visualisierung innerer Strukturen und die Diagnose vieler Erkrankungen ermöglicht.

3-MINUTEN-KUR

Häufig wird den Patienten vor einem CT-Scan ein spezieller Farbstoff (Kontrastmittel) als Suspension zum Trinken, Klistier oder Injektion in die Blutbahn bzw. direkt in das zu untersuchende Gewebe verabreicht, um Qualität und Kontrast der CT-Bilder zu verbessern. Der CT-Scan ist zwar schmerzfrei, doch die ionisierende Röntgenstrahlung bringt eine gewisse Strahlenbelastung mit sich. Das damit verbundene Risiko ist jedoch im Vergleich zu den Vorteilen dieser diagnostischen Bildgebungstechnik meist minimal.

VERWANDTE THEMEN

RÖNTGEN
Seite 50

3-D-DRUCK & BIOPRINTING
Seite 64

STRAHLENTHERAPEUT
Seite 122

3-SEKUNDEN-BIOGRAFIEN

GODFREY HOUNSFIELD
1919–2004
Englischer Elektroingenieur, der den kommerziell einsetzbaren Computertomografen erfand

ALLAN MCLEOD CORMACK
1924–1998
Südafrikanischer Physiker, der 1979 zusammen mit Hounsfield für die (unabhängige) Erarbeitung der theoretischen Grundlagen der CT mit dem Nobelpreis für Medizin ausgezeichnet wurde

30-SEKUNDEN-TEXT

Laura Fitton

Ein Computertomograf erstellt aus zahlreichen Schnittbildern ein 3-D-Bild. CT-Scanner lösen den Kontrast besser auf als herkömmliche Röntgengeräte.

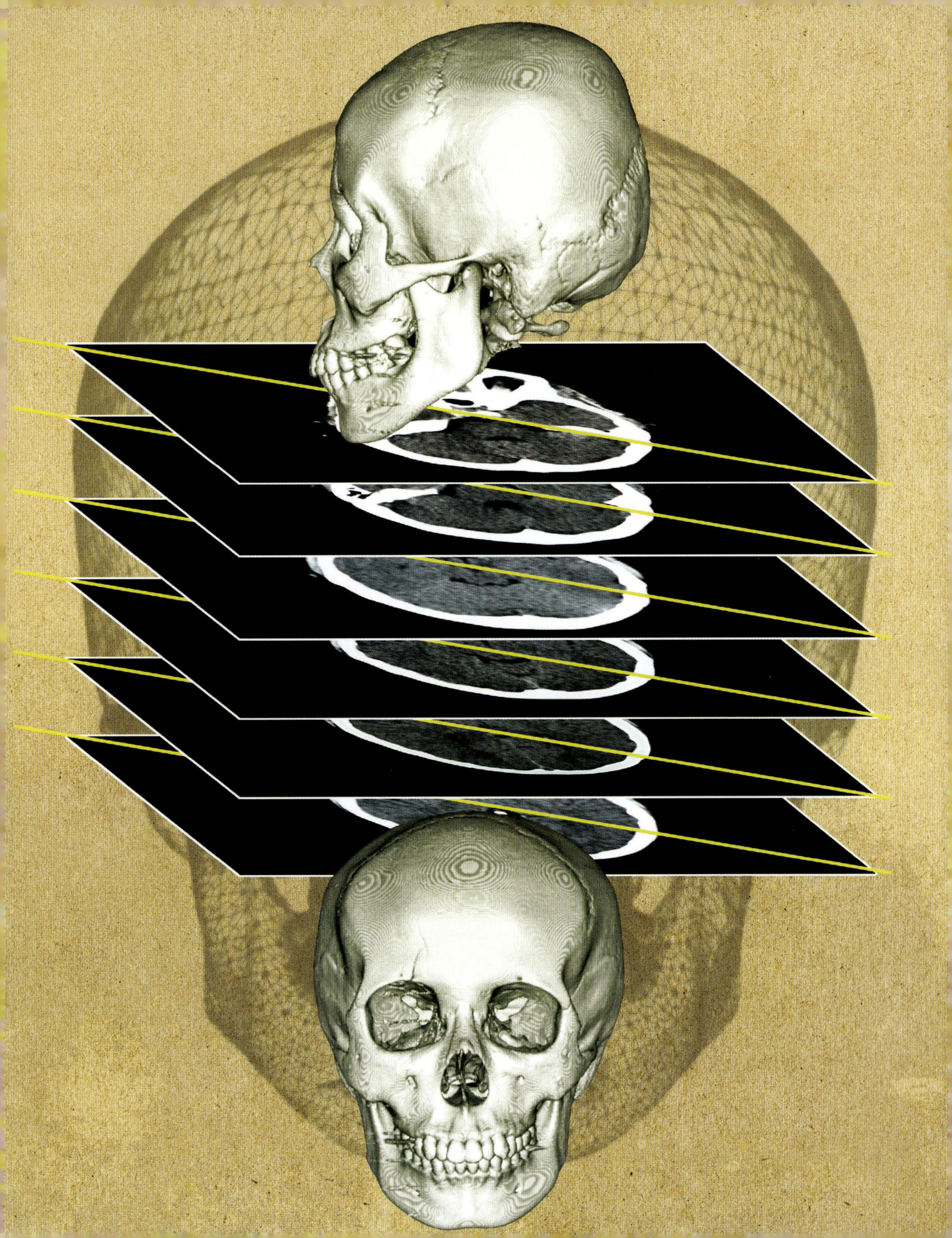

MAGNETRESONANZ-TOMOGRAFIE (MRT)

30 Sekunden Medizin

3-SEKUNDEN-DOSIS
Bei einem MRT-Scan werden die Protonen (meist von Wassermolekülen) in Gewebe angeregt, um ein Signal zu erzeugen, das sich zu einem Bild des Körperinneren verarbeitet lässt.

3-MINUTEN-KUR
Seit dem ersten Ganzkörperscan bei einem Menschen im Jahre 1977 hat sich die MRT zum leistungsfähigsten und zuverlässigsten Werkzeug in der diagnostischen Medizin entwickelt. Im Gegensatz zur Computertomografie setzt die MRT die Patienten keiner ionisierenden Strahlung aus, sodass sie oft bevorzugt wird, wenn beide die gleichen diagnostischen Informationen liefern dürften. Sie ist zwar sicher und schmerzfrei, eignet sich aber nicht für Patienten mit Platzangst oder mit Implantaten wie Herzschrittmachern (Letzteres wegen des starken Magnetfelds).

Bei der Magnetresonanztomografie (MRT) dienen starke Magnetfelder und Radiowellen der Erzeugung von Bildern des Körperinneren. Von besonderem Nutzen ist sie für die diagnostische Bildgebung von Strukturen wie Gehirn oder Herz-Kreislauf-System und inneren Organen wie Prostata, Gebärmutter oder Leber. Spezielle Verfahren wie die funktionelle MRT (fMRT) ermöglichen die Messung der Gehirnaktivität. Das Hauptelement eines MRT-Geräts ist eine große Röhre, umgeben von einem supraleitenden Magneten, der ein Magnetfeld mit einer Stärke zwischen 0,5-2,0 Tesla erzeugt – weit mehr als beim Erdmagnetfeld. Da der menschliche Körper vor allem aus Wasser (Wasserstoff- und Sauerstoffatomen) besteht, richten sich die Protonen (Wasserstoffkerne) des Patienten in der Röhre alle in dieselbe Richtung aus. Kurze, auf die zu untersuchende Region gerichtete Hochfrequzenzimpulse regen anschließend die Atome an und unterbrechen deren Ausrichtung. Sobald der Impuls abgeschaltet wird, richten sich die Protonen neu aus. Dabei werden Signale ausgesendet, die von einer Empfangsspule erfasst werden. Wasserstoffkerne verhalten sich je nach Art des Materials (beispielsweise Fett versus Muskel) unterschiedlich und richten sich mit unterschiedlicher Geschwindigkeit neu aus. Die Signale werden dann vom Computer in Bildschirmpixel umgewandelt und ergeben ein detailliertes Bild der Struktur.

VERWANDTE THEMEN
RÖNTGEN
Seite 50

COMPUTERTOMOGRAFIE (CT)
Seite 52

3-SEKUNDEN-BIOGRAFIEN
NIKOLA TESLA
1856–1943
Serbisch-amerikanischer Ingenieur und Physiker, der das rotierende Magnetfeld entdeckte

PETER MANSFIELD
1933–2017
Englischer Physiker und Nobelpreisträger, der mit seinen Arbeiten zur Kernspinresonanz die Grundlagen für die Interpretation hochfrequenter Signale als nützliches Bild legte

30-SEKUNDEN-TEXT
Laura Fitton

Die MRT ist das derzeit beste und zuverlässigste Diagnosewerkzeug. Ihre Bildgebung beruht auf Magnetfeldern und Radiowellen. Mit der MRT lässt sich auch die Gehirnaktivität messen.

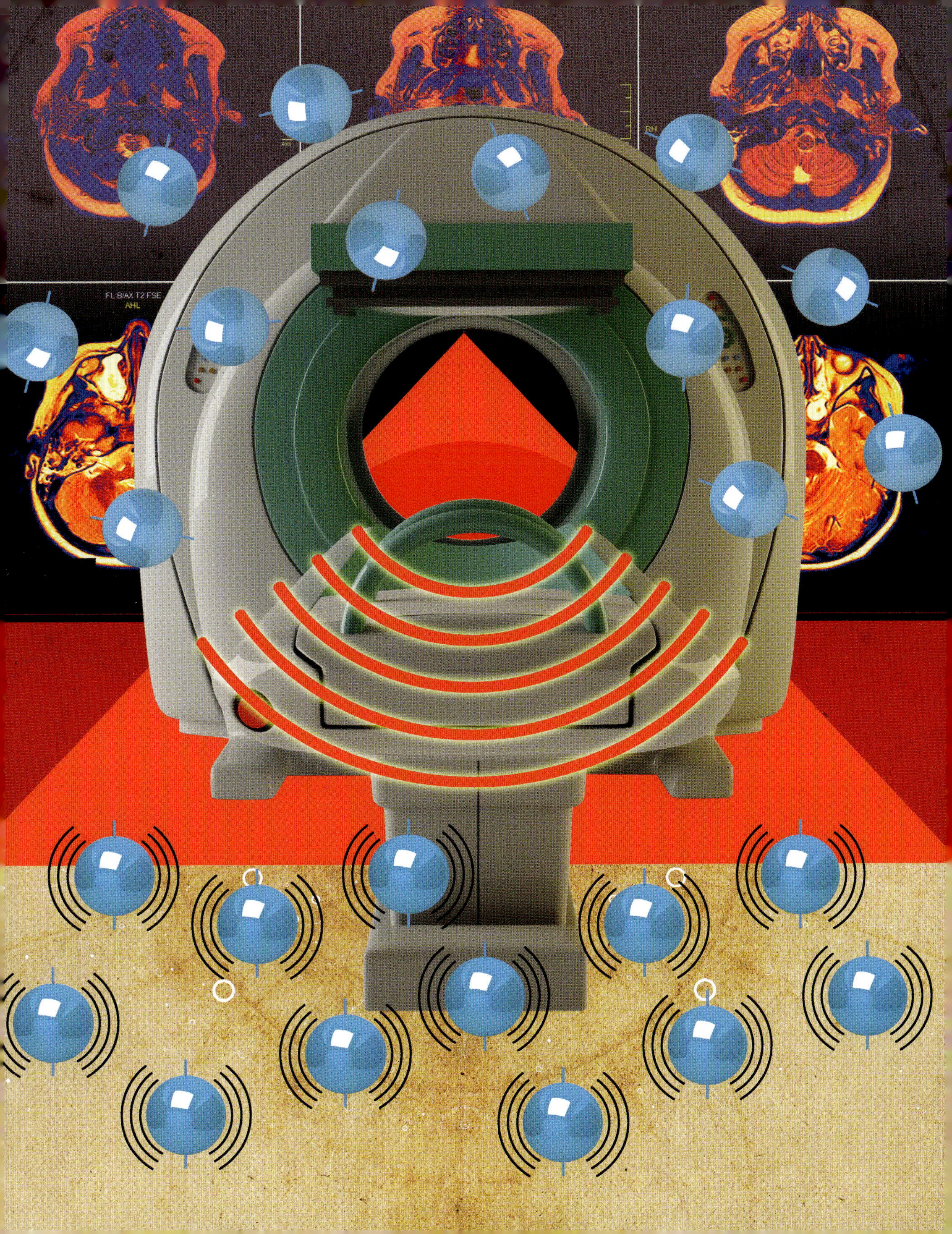
RH
FL B/AX T2 FSE
AHL

SONOGRAFIE

30 Sekunden Medizin

3-SEKUNDEN-DOSIS
Die Sonografie erzeugt mithilfe von Ultraschall (hochfrequenten Schallwellen) Echtzeitbilder von inneren Organen und Strukturen.

3-MINUTEN-KUR
Obwohl der mögliche Nutzen des Ultraschalls für die Diagnostik bereits Ende der Fünfzigerjahre erkannt wurde, dauerte es noch zwei Jahrzehnte bis zu seiner Nutzung in Krankenhäusern. Die Sonografie gilt als risikoarmes Verfahren, erzeugt »Live-Bilder«, und Sonografen sind außerdem sehr mobil. Einschränkungen bei der Bildqualität sind darauf zurückzuführen, dass Schallwellen Knochen, tiefe Strukturen und subkutanes Fett nicht durchdringen können, ohne abgeschwächt zu werden.

Die umgangssprachlich als »Ultraschall« bezeichnete Sonografie ist ein bildgebendes Verfahren, bei dem Schallwellen mit Frequenzen von 1–40 MHz, weit jenseits der für Menschen hörbaren 20 000 Hertz, zur Erzeugung von Bildern verwendet werden. Dabei bringt der Arzt eine Sonde, die einen Wandler mit piezoelektrischen Kristallen enthält, mit dem Körper in Kontakt. Anschließend wird ein elektrischer Impuls durch den piezoelektrischen Effekt in hochfrequente Schallwellen umgewandelt, die von den Strukturen im Körperinneren gestreut und reflektiert werden. Es entsteht ein bewegtes Echtzeit-Digitalbild aus Pixeln, deren Lage und Intensität von der Stärke des Echos und von der Dauer abhängen, die von der Umwandlung der Schallwelle bis zum Empfang des Echos vergeht. Höherfrequenter Ultraschall ist weniger durchdringend und kommt daher bei oberflächlichen Strukturen zur Anwendung, niedrigere Frequenzen dagegen bei tiefen Organen. Der Sonograf dient der Diagnose sehr unterschiedlicher Körpersysteme, darunter innere Organe, Blutgefäße, Muskeln und Sehnen. Die Sonografie zählt zu den Standardverfahren bei der Schwangerschaftsvorsorge und Geburtshilfe, da sie Bilder des Fötus in der Gebärmutter liefert. Ultraschall kann auch zur Messung der Geschwindigkeit des Blutflusses verwendet werden. Aufgrund seiner wärmenden Wirkung wird Ultraschall auch therapeutisch verwendet, beispielsweise bei Verletzungen von Bändern oder Rheuma.

VERWANDTE THEMEN
RÖNTGEN
Seite 50

COMPUTERTOMOGRAFIE (CT)
Seite 52

MAGNETRESONANZTOMOGRAFIE (MRT)
Seite 54

3-SEKUNDEN-BIOGRAFIEN
PIERRE CURIE
1859–1906
Französischer Physiker, der die Piezoelektrizität demonstrierte

IAN DONALD
1910–1987
Schottischer Arzt und Pionier bei der diagnostischen Sonografie, insbesondere zur Nachverfolgung der Entwicklung des Fötus

30-SEKUNDEN-TEXT
Laura Fitton

Pierre Curies Arbeiten zur Piezoelektrizität führten zur Entwicklung der Sonografie, insbesondere zur Überwachung der Entwicklung des Fötus.

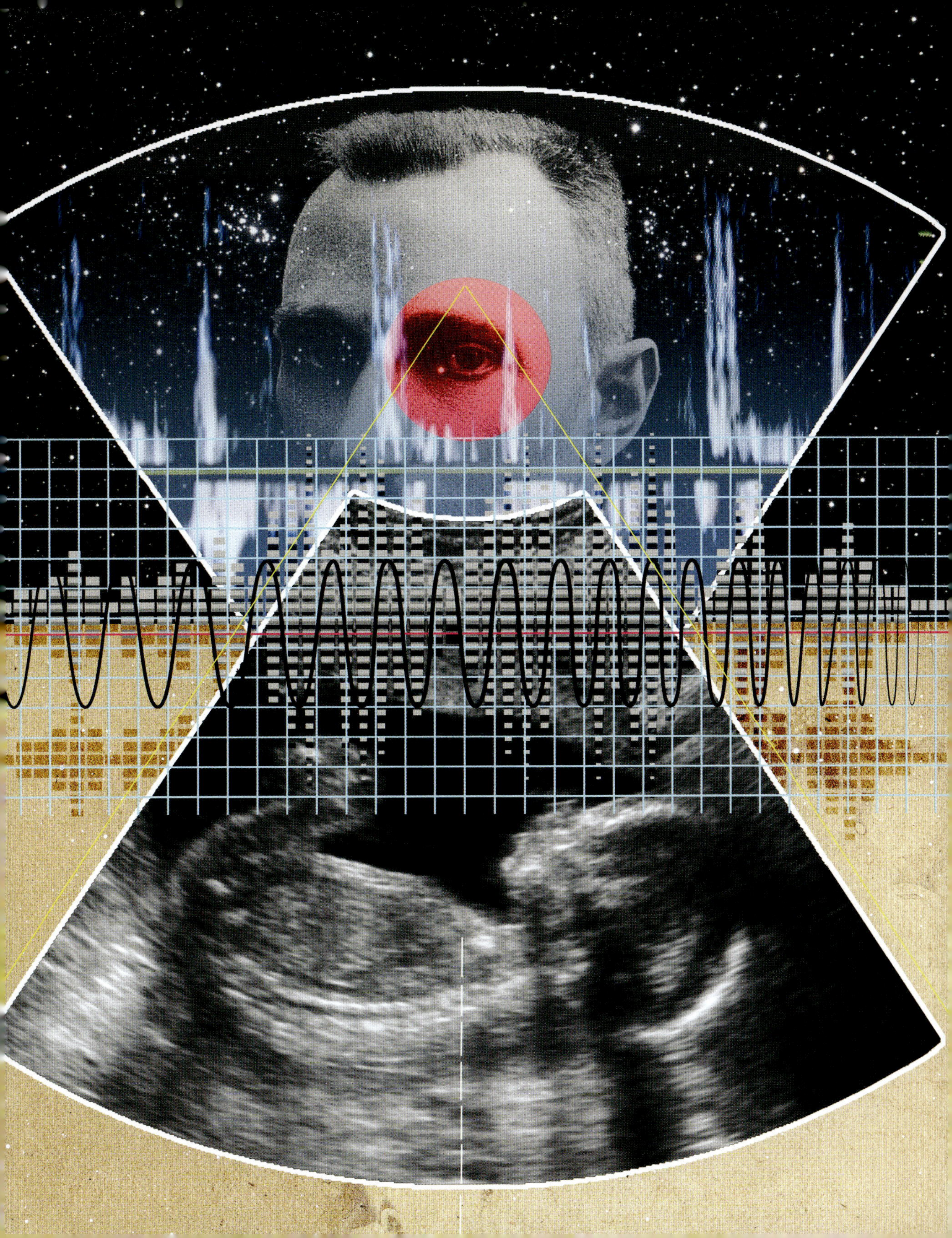

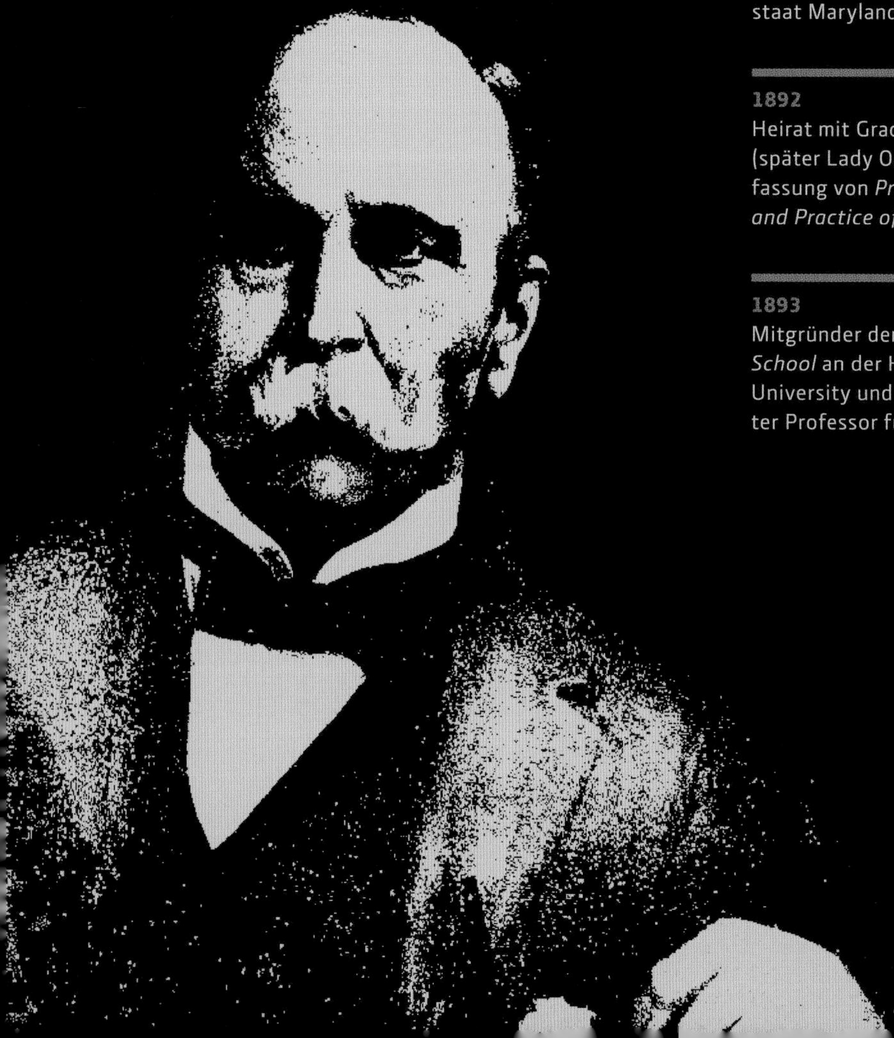

1849
Geburt in Bond Head, Ontario, Kanada

1872
Promoviert in Medizin an der McGill University Montreal

1874
Rückkehr von nachakademischer Ausbildung in Europa, um an seiner Alma Mater in Montreal eine Professur anzutreten

1884
Lehrstuhlinhaber für Klinische Medizin an der University of Pennsylvania in Philadelphia

1885
Gründung der *Association of American Physicians*

1889
Ernennung zum Chefarzt des neu gegründeten *Johns Hopkins Hospital* in Baltimore im US-Bundesstaat Maryland

1892
Heirat mit Grace Revere (später Lady Osler), Abfassung von *Principles and Practice of Medicin*e

1893
Mitgründer der *Medical School* an der Hopkins University und deren erster Professor für Medizin

1905
Berufung auf den Königlichen Lehrstuhl für Medizin an der Universität Oxford

1905
Bemerkenswerte und kontrovers diskutierte Rede über das Alter unter dem Titel *The fixed Period*

1911
Gründung der *Postgraduate Medical Association*

1911
Verleihung des britischen Ehrentitels Baronet für herausragende Leistungen auf dem Gebiete der Medizin

1917
Tod des zweiten Sohns und einzigen Kindes, das das Erwachsenenalter erreichte, im Ersten Weltkrieg im Alter von 21 Jahren. Osler macht dieser Verlust sehr zu schaffen.

1919
Am 29. Dezember an der Spanischen Grippe gestorben

WILLIAM OSLER

Sir William Osler prägte die Art und Weise, wie heute Medizin gelehrt wird, indem er Medizinstudenten ans Krankenbett brachte, statt sie nur in Hörsälen zu unterrichten. So sind Stationsrunden in Lehrkrankenhäusern mit einem erfahrenen Arzt und einer Handvoll Medizinstudenten oder Praktikanten im Schlepptau dank seiner Vision längst zur Norm geworden. Mit dieser für die damalige Zeit neuen Hervorhebung der Bedeutung, die klinische Erfahrung bei der Behandlung von Patienten hat, veränderte er die medizinische Ausbildung von Grund auf.

Osler war ein Mann mit vielen Interessen: Der Bücherwurm beschäftigte sich leidenschaftlich mit der Geschichte der Medizin, besaß eine große Sammlung historischer Bücher, schrieb selbst viel und war ein begnadeter Witzeerzähler. Schon zu Beginn seiner Medizinerkarriere zeigte er auf, dass es sich bei einer Blutkomponente, die man zwar zuvor schon beobachtet, aber nicht vollständig verstanden hatte, um eine Art von Blutkörperchen handelte, die wir heute als Blutplättchen oder Thrombozyten kennen.

Im kanadischen Bond Head als Sohn tiefreligiöser Eltern geboren, wollte Osler zunächst Priester werden, entschied sich dann aber für eine medizinische Laufbahn. Er studierte zuerst am privaten *Toronto Medical Institute* und anschließend an der McGill University in Montreal, wo er 1872 promovierte. Nach Positionen in Montreal und Philadelphia übernahm Osler die Professur für Medizin an der neu gegründeten medizinischen Schule der Johns Hopkins University im amerikanischen Baltimore und stellte dort zusammen mit den Leitern der Abteilungen für Pathologie, Chirurgie sowie Geburtshilfe und Gynäkologie den Lehrplan der klinischen Lehre auf den Kopf.

Oslers *The Principles and Practice of Medicine* (1892) diente über einen längeren Zeitraum als führendes Handbuch für die medizinische Lehre und wurde 1901 unter dem Titel *Lehrbuch der internen Medizin* auch auf Deutsch veröffentlicht. Osler hatte auch viel Sinn für Humor. Unter dem Pseudonym des pensionierten US-Armeechirurgen Egerton Yorick Davis verfasste er kuriose Patienten-Fallgeschichten sexueller Natur, vielleicht um die Leichtgläubigkeit der Leser medizinischer Bücher zu veranschaulichen.

In der Medizin ist Osler im Namen zahlreicher Erkrankungen und Krankheitssymptome verewigt worden: So werden bestimmte rote, schmerzhafte Schwellungen der Hand als Osler-Knötchen bezeichnet und eine erbliche Bluterkrankung mit wiederkehrendem Nasenbluten als Morbus Osler. Er prägte den englischen Begriff *pneumonia* für die Lungenentzündung, die ironischerweise 1919 bei seinem Tod eine Rolle gespielt haben könnte. Zu Oslers treffenden Aussprüchen (*oslerisms*), die sein Engagement für die medizinische Ausbildung und Patientenversorgung veranschaulichen, gehört der folgende: »Der gute Arzt behandelt die Krankheit; der wirklich große Arzt behandelt den Patienten, der die Krankheit hat.« 1911 wurde er für seine Beiträge zur Medizin zum Baronet geadelt.

Joanna Matthan

STAMMZELLEN & TISSUE ENGINEERING (TE)

30 Sekunden Medizin

Der menschliche Körper besteht aus Nerven-, Haut-, Blut-, Knochen-, Muskel- und einer Vielzahl anderer Zellen mit unterschiedlichen Eigenschaften und Funktionen. Diese Zellen haben sich spezialisiert und somit keine Fähigkeit zur Ausdifferenzierung mehr. Sogenannte Stammzellen, die sich selbst erneuern und weniger ausdifferenziert sind, können sich zu verschiedenen Zelltypen entwickeln. Diese Eigenschaften machen Stammzellen unentbehrlich für die Regeneration, die aufgrund von Zellalterung, -verlust und -beschädigung während der ganzen Dauer unseres Lebens erforderlich ist, aber auch für die Entwicklung des Embryos bis zur Geburt. Aus unipotenten Stammzellen wie Hautstammzellen entstehen nur Zellen eines bestimmten Typs, aber auch sie sind regenerativ. Embryonale Stammzellen sind dagegen pluripotent und können sich in fast jeden Zelltyp differenzieren. Umwelt- und genetische Faktoren wirken an Membran und Kern der Stammzellen als Stimuli und lösen eine Differenzierung der Stammzelle aus. Forscher kultivieren Stammzellen unter kontrollierten Bedingungen und steuern ihre Differenzierung. Die Geweberegeneration ist eine wichtige Anwendung der Stammzellforschung. So werden starke Verbrennungen mit Hautstammzellen und Leukämie mit Blut- und Knochenmarkstammzellen behandelt. Neue Methoden der Behandlung von Parkinson und Alzheimer unter Einsatz von Stammzellen sind vielversprechend.

3-SEKUNDEN-DOSIS

Stammzellen sind nicht ausdifferenzierte Zellen, die die Fähigkeit zur Regeneration besitzen und sich zu spezialisierten Zelltypen entwickeln können.

3-MINUTEN-KUR

Embryonale Stammzellen weisen ein großes therapeutisches Potenzial auf und könnten neuen Behandlungsmethoden wie Tissue Engineering (Reparatur von beschädigtem Gewebe oder Erzeugung neuer Organe) ermöglichen. Zur Extraktion embryonaler Stammzellen wird jedoch die Blastozyste, die später den Embryo bildet und somit potenzielles Leben, zerstört. Deshalb wird die ethische Vertretbarkeit der embryonalen Stammzellforschung von einigen Seiten infrage gestellt und die Kultivierung von humanen Stammzellen in mehreren Ländern eingeschränkt oder verboten.

VERWANDTES THEMA

3-D-DRUCK & BIOPRINTING
Seite 64

3-SEKUNDEN-BIOGRAFIEN

ERNST HAECKEL
1834–1919
Deutscher Biologe, der den Begriff Stammzelle prägte

JAMES THOMSON
geb. 1958
Amerikanischer Zellbiologe, der 1998 als erster menschliche embryonale Stammzellen isolierte

SHIN'YA YAMANAKA
geb. 1962
Japanischer Stammzellenforscher und Nobelpreisträger, der entdeckte, dass man ausgereifte Zellen in pluripotente Stammzellen verwandeln und so die Verwendung von Embryonen in der Stammzellenforschung vermeiden kann

30-SEKUNDEN-TEXT

Laura Fitton

Die Fähigkeit der Stammzellen zur Regeneration und Ausdifferenzierung könnte schon bald bei weiteren Erkrankungen zum Durchbruch bei der Behandlung führen.

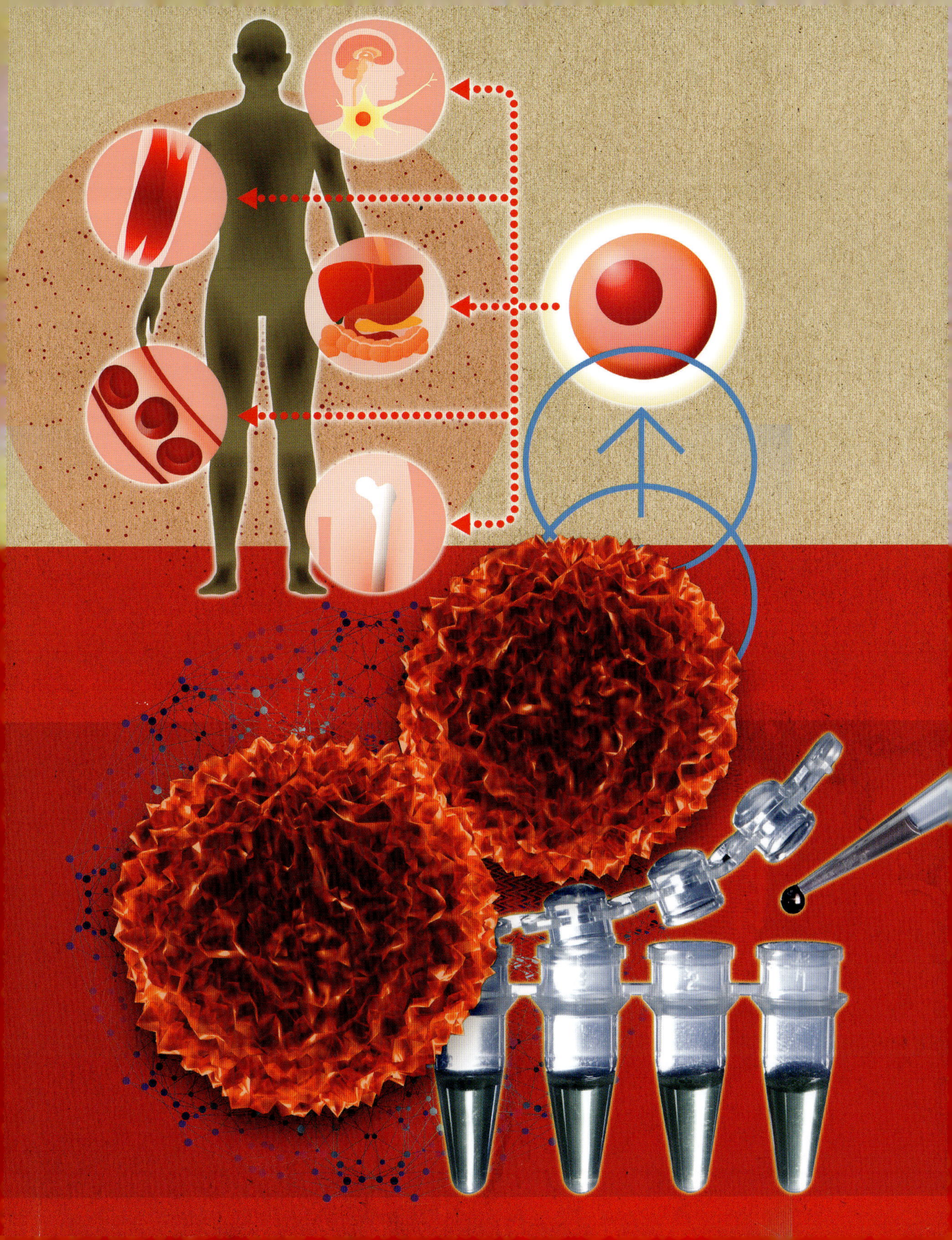

KÜNSTLICHE GLIEDMASSEN

30 Sekunden Medizin

3-SEKUNDEN-DOSIS
Dank modernster Prothetik können Patienten ihre künstlichen Gliedmaßen beinahe wie ihre früheren Arme oder Beine mithilfe der Gedanken steuern.

3-MINUTEN-KUR
Die gezielte Innervation von Muskeln ermöglicht nicht nur die feinmotorische Steuerung von Robotergliedmaßen, sondern liefert in einem gewissen Umfang auch eine sensorische Rückmeldung. Bei diesem Ansatz wird ein vorhandener Muskel gespreizt, dessen Nervenversorgung entfernt und verbleibende Nerven zu ihm umgeleitet. Denkt nun der Patient daran, sein Phantomglied zu bewegen, ziehen sich diese reinnervierten Muskeln zusammen, und die Aktivierung wird von Elektroden erfasst, die sie zur Steuerung der Prothese verwenden.

Prothesen gab es schon im alten Ägypten in Form von Holzzehen oder im mittelalterlichen Europa, aus dem eiserne Hände gut bekannt sind. Zwar kommen heute weiter entwickelte Materialien wie Kunststoffe und Kohlefaserverbundwerkstoffe zum Einsatz, aber das Grundprinzip hat sich nicht geändert: Eine Prothese ist ein künstlich geschaffener Ersatz für eine fehlende Gliedmaße. An der Rehabilitation von Patienten, die eine Gliedmaße teilweise oder ganz verloren haben, wirkt ein ganzes Team von medizinischen Fachkräften mit, dem unter anderem Psychiater, Chirurgen und Orthopädietechniker angehören. Je nach Ziel der Behandlung kommen unterschiedliche Prothesen zum Einsatz. Bei kosmetischen Prothesen steht das Aussehen im Vordergrund, bei funktionellen dagegen die benutzerfreundliche Steuerung. Die wichtigsten funktionellen Gliedmaßen werden vom Körper angetrieben: Das Signal der gewünschten Bewegung wird über Kabel, die an einem funktionierenden Glied angebracht sind, auf die Prothese übertragen, sodass jenes sich elektronisch steuern lässt. Zu den jüngsten Entwicklungen gehören myoelektrische Prothesen und Mikroprozessoren, die die Nachahmung natürlicher Bewegungen ermöglichen. Das Ergebnis sind bionische Gliedmaßen, die realistisch wirken und sich auch so bewegen. Auch gedankengesteuerte Prothesen gibt es mittlerweile: Mit drahtlos kommunizierenden Gehirnimplantaten und gezielter Muskelreinnervation können Patienten die Bewegungen ihrer Prothese gedanklich steuern.

VERWANDTE THEMEN
BIONISCHE ORGANE
Seite 42

3-D-DRUCK & BIOPRINTING
Seite 64

3-SEKUNDEN-BIOGRAFIEN
MARCUS SERGIUS SILUS
3.–2. Jahrhundert v. Chr.
Römischer General während des Zweiten Punischen Krieges (218–201 v. Chr.) und erster überlieferter Träger einer Handprothese, der mit seiner Metallhand einen Schild halten konnte

TODD KUIKEN
geb. 1961
Erfinder des bionischen Arms. Er entwickelte die Technik der gezielten Muskelreinnervation, dank der motorisierte Prothesen gedanklich gesteuert werden können und ihren Trägern sensorische Informationen zurück übermitteln

30-SEKUNDEN-TEXT
Laura Fitton

Prothesen kommen seit Jahrhunderten zum Einsatz, aber dank immer modernerer Materialien und Technologien ist die Beweglichkeit heute größer und natürlicher.

3-D-DRUCK & BIOPRINTING

30 Sekunden Medizin

3-SEKUNDEN-DOSIS
Bereits seit einiger Zeit kommt der 3-D-Druck in der Medizin in der Herstellung maßgeschneiderter Implantate und bei der Planung von Operationen zum Einsatz.

3-MINUTEN-KUR
Die beinahe unglaublichen Einsatzmöglichkeiten des 3-D-Drucks in der Medizin demonstrieren die so angefertigten Hauttransplantate, Knorpel, Blutgefäße, Knochen, Herzklappen, Ohrknorpel, passgenauen Protheseteile und medizinischen Geräte. Zwar ist es den Forschern noch nicht gelungen, ein vollständiges funktionsfähiges Organ mit dem Bio-3-D-Drucker herzustellen, aber sie befinden sich auf bestem Wege dazu.

Große Fortschritte brachte in der Medizin jüngst der 3-D-Druck. Mithilfe bildgebender Verfahren wie CT-Scans erstellen Chirurgen 3-D-Modelle von Körperteilen und fertigen sie mit dem 3-D-Drucker an. Dieser trägt das Material Schicht um Schicht auf und erzeugt die gewünschte räumliche Form. Der 3-D-Druck wurde in den Achtzigerjahren erfunden, wobei flüssiges Akryl, das unter Einwirkung von UV-Licht fest wurde, als »Tinte« diente. Heutige 3-D-Drucker kommen mit den unterschiedlichsten Materialien wie Wachs, Metall, Kunststoff oder auch lebenden Zellen zurecht. Chirurgen trainieren chirurgische Eingriffe oft an 3-D-Modellen aus dem Drucker. Nach einer Computertomografie kann der innere Aufbau des Körpers eines Patienten gerendert und zur Herstellung von benutzerdefinierten 3-D-Modellen an einen Drucker gesandt werden. So lässt sich die Effektivität von Planung und Erprobung chirurgischer Methoden vergrößern. Aber 3-D-Drucker werden nicht nur extern verwendet, sondern dienen auch der Herstellung individuell gefertigter Prothesen, unter anderem aus Titanlegierungen, die dem Patienten implantiert werden können. Der größte Entwicklungssprung im Bereich des 3-D-Drucks steht uns allerdings noch bevor: die Fertigung funktionierender Organe. Der Biodruck ist allerdings bereits Realität: Durch die Verbindung von 3-D-Druck und Tissue Engineering wurden im Bioprinter gefertigte Zellen erfolgreich auf biokompatible Gerüste aufgetragen und so lebende Skulpturen gebaut.

VERWANDTE THEMEN
COMPUTERTOMOGRAFIE (CT)
Seite 52

STAMMZELLEN & TISSUE ENGINEERING (TE)
Seite 60

KÜNSTLICHE GLIEDMASSEN
Seite 62

3-SEKUNDEN-BIOGRAFIEN
CHARLES W. »CHUCK« HULL
geb. 1939
Erfinder des 3-D-Drucks, der ersten Form von Rapid-Prototyping

STEPHEN POWER
geb. 1985
Der erste Traumapatient, bei dem ein Eingriff der Wiederherstellungschirurgie mit 3-D-Modellen und -Druck durchgeführt wurde

30-SEKUNDEN-TEXT
Laura Fitton

3-D- und Biodruck sind dabei, die Medizin zu revolutionieren, denn sie ermöglichen Ärzten die Anfertigung individueller Modelle.

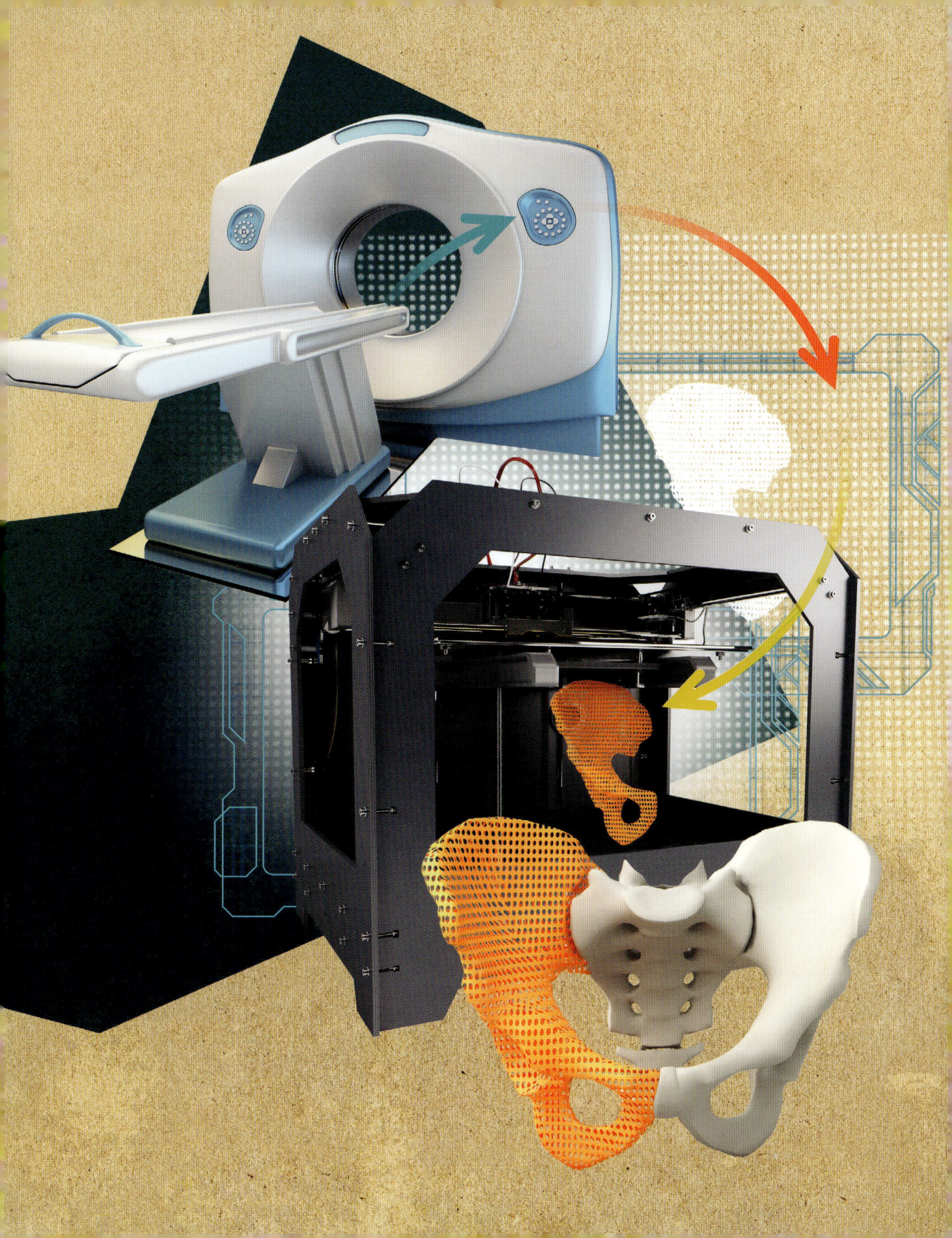

BEHANDLUNGEN, THERAPIEN & VERFAHREN

BEHANDLUNGEN, THERAPIEN & VERFAHREN
GLOSSAR

Antigen Toxin oder andere Fremdsubstanz, die im Körper eine Immunantwort hervorruft, insbesondere die Produktion von Antikörpern.

Antikörper Großes Y-förmiges Protein. Antikörper werden vom Immunsystem rekrutiert, um Fremdstoffe wie Bakterien und Viren zu identifizieren und neutralisieren. Jeder Antikörper hat eine einzigartige Zielstruktur auf dem eindringenden Organismus, die man als Antigen bezeichnet

Aseptisch Umgebung oder Verfahren frei von Verunreinigungen durch schädliche Bakterien, Viren oder andere Mikroorganismen. Sterile Umgebungen, insbesondere in OP-Sälen, sollen Infektionen beim Patienten verhindern.

Bakterien Gelten als einfachste Lebewesen. Sie sind mikroskopisch klein, meist einzellig und überall zu finden. Sie können gefährlich sein und Infektionen verursachen oder nützlich, beispielsweise bei der Verdauung.

Blutplasma Flüssiger Anteil des Blutes und der Lymphflüssigkeit, der etwa die Hälfte des Blutvolumens ausmacht. Es enthält keine Blutzellen, jedoch Antikörper und andere Proteine. Es wird aus Spenderblut gewonnen und dient der Behandlung zahlreicher Erkrankungen in Zusammenhang mit dem Blut.

Blutplättchen Blutkörperchen, die eine wichtige Rolle bei der Blutgerinnung und damit der Wundheilung spielen. Blutplättchen werden aus Knochenmark hergestellt.

Erythrozyt *siehe* rotes Blutkörperchen.

Handwerkschirurgen Wundärzte, Feldscher, Bader und andere Handwerker, die im mittelalterlichen Europa auch chirurgische Eingriffe vornahmen. Wie andere Handwerker auch gingen sie bei erfahrenen Berufsleuten in die Lehre. Wie die meisten Menschen zu dieser Zeit waren auch sie nicht selten Analphabeten.

Immunsystem Schützt den Körper vor Erkrankungen. Es muss eine Vielzahl von Erregern wie Viren und Bakterien erkennen und abwehren, die dem Körper Schaden zufügen könnten.

Leukozyt *Siehe* weißes Blutkörperchen.

Palliativmedizin Behandlung, die die Lebensqualität eines Patienten verbessert, indem sie seine Schmerzen oder andere Symptome lindert, die beispielsweise durch nicht mehr auf kurative Behandlungen ansprechenden Krebs in einem fortgeschrittenen Stadium verursacht werden.

Pessar Medizinprodukt, heute überwiegend aus Silikon oder Kunststoff, das zur Behandlung einer Infektion oder als Verhütungsmittel in die Scheide eingeführt wird. Kann auch zur Behandlung eines Scheidenvorfalls verwendet werden.

Psychochirurgie Operative Eingriffe am Gehirn zur Behandlung schwerer psychischer Störungen. Seit jeher in der Medizin umstritten.

Psychotrope Substanzen Wirkstoffe, die Psyche, Emotionen und Verhalten des Patienten verändern.

Rote Blutkörperchen Häufigste Zellen im Blut von Wirbeltieren. Sie sind das wichtigste Mittel unseres Körpers, um Sauerstoff zu Geweben zu bringen. Außerdem entfernen rote Blutkörperchen Kohlendioxid aus dem Körper und transportieren es in die Lunge, sodass wir es ausatmen können. Sie werden im Knochenmark gebildet und sterben typischerweise nach etwa 120 Tagen ab.

Thrombozyt *siehe* Blutplättchen

Virus Erreger, der sich in den Zellen lebender Wirte vermehrt. Infizierte Wirtszellen produzieren Abertausende identische Kopien des Virus und dies mit außerordentlicher Geschwindigkeit. Diese Virusreplikation kann zu einer Erkrankung des Wirts führen, wie beim Menschen das Erkältungs- oder Grippevirus.

Weiße Blutkörperchen Blutzellen des Immunsystems, die wesentlich für den Schutz des Körpers vor Infektionskrankheiten und körperfremden Strukturen sind.

IMMUNITÄT & IMPFUNG

30 Sekunden Medizin

Die Immunität gegen Krankheitserreger half Forschern dabei, zahlreiche tödliche Infektionskrankheiten einzudämmen und auszurotten. Sie kann sich auf natürliche Weise einstellen, wenn eine Person dem Erreger einer Infektionskrankheit, beispielsweise der Windpocken ausgesetzt ist, oder kann mit einer Impfung künstlich herbeigeführt werden. Für die Immunität gegen einen Erreger sind Antikörper verantwortlich, Proteine, die jeweils eine bestimmte Zielstruktur des Erregers (das Antigen) erkennen und neutralisieren. Es kann eine aktive oder passive Immunisierung erfolgen. Bei der aktiven Impfung halten die Effekte lange an, weil das Immunsystem zur Bildung von Antikörpern angeregt wird: So sind wir nach einer Mumpserkrankung immun gegen eine Neuinfektion durch das Mumps-Virus, denn unser Immunsystem erkennt das Virus und produziert Antikörper, die es neutralisieren. Impfstoffe enthalten schwächere oder abgetötete Formen von Krankheitserregern, die denselben Prozess in Gang setzen, aber keine Erkrankung verursachen. Bei der passiven Immunisierung werden dagegen Antikörper verabreicht, die vom Immunsystem einer anderen Person produziert werden und sofort, aber nur für kurze Zeit wirken. Die meisten Länder kennen Impfprogramme, um sicherzustellen, dass die am stärksten gefährdeten Bevölkerungsgruppen (Kinder und immungeschwächte Mitbürger) vor schädlichen Infektionen geschützt sind.

3-SEKUNDEN-DOSIS

Unter Immunität versteht man die Resistenz gegen einen Krankheitserreger, die auf natürliche Weise oder durch Impfungen zustande kommt und die Ausbreitung von Infektionskrankheiten eindämmt.

3-MINUTEN-KUR

Damit Impfstoffe ihre Wirkung entfalten können, müssen genügend Mitglieder einer Bevölkerungsgruppe immun sein. Falls dies eintritt, wird mit der Impfkampagne eine »Herdenimmunität« erreicht, und es findet keine Ansteckung statt, selbst wenn ein kleiner Teil der Bevölkerung nicht geimpft ist. In den meisten Ländern existieren deshalb Impfprogramme. Massenimpfungen haben zur Ausrottung des mörderischen Pockenvirus geführt und auch die Verbreitung der Kinderlähmung verhindert, die zu Lähmungen und zum Tod führen kann.

VERWANDTES THEMA

KINDERLÄHMUNG
Seite 102

3-SEKUNDEN-BIOGRAFIEN

EDWARD JENNER
1749–1823
Englischer Arzt, ein Pionier der Pockenimpfung und Vater der Immunologie, der mit Kuhpocken infiziertes Gewebe auf einen Schnitt am Arm eines achtjährigen Jungen (James Phipps) aufbrachte und so nachwies, dass er danach gegen Pocken immun war

LOUIS PASTEUR
1822–1895
Französischer Chemiker und Mikrobiologe, der 1881 nachwies, dass eine Immunisierung gegen Milzbrand möglich war, indem er Schafe mit einer modifizierten Form des Anthrax-Bazillus impfte. Er entwickelte auch eine Schutzimpfung gegen das tödliche Tollwutvirus.

30-SEKUNDEN-TEXT

Joanna Matthan

Die Arbeit von Pionieren wie Edward Jenner führte zur Entwicklung erfolgreicher Impfprogramme.

1
2
3
4
5ml

KREBSBEHANDLUNG

30 Sekunden Medizin

3-SEKUNDEN-DOSIS
Die Krebsbehandlung ist in der Regel auf den Einzelnen zugeschnitten und kann in einer Operation, Strahlentherapie, Chemotherapie oder aus mehreren Behandlungsmethoden bestehen.

3-MINUTEN-KUR
In der Frühzeit der Chirurgie führten Wundärzte Operationen unter unhygienischen Bedingungen und ohne Schmerzlinderung durch. Nur zu oft waren ihre Patienten danach entstellt oder gar tot. Wer an einer ihn schwächenden Krankheit litt, dem boten sie zweifelhafte Mittelchen an. Dank Verbesserungen der chirurgischen Praxis (Asepsis), Behandlung von Wundinfektionen (Antibiotika), diagnostischer Bildgebung (Röntgen, MRT, CT) und der Verfügbarkeit von Schmerzmitteln (Anästhetika) haben Krebspatienten heute bessere Chancen auf Überleben und Heilung.

Nach einer Krebsdiagnose erstellt ein multidisziplinäres Spezialistenteam umgehend einen Behandlungsplan. Er beinhaltet meist Operation, Strahlentherapie und/oder Chemotherapie und wird individuell nach Krebsart, Ausbreitung und deren Geschwindigkeit sowie Zustand des Patienten angepasst. Eine Operation ist eine gute Option, wenn der Krebs sich nicht ausgebreitet hat (keine Metastasenbildung), und führt im besten Fall zur Heilung. Sie kann auch zur Schmerzlinderung (Palliativmedizin) oder Funktionsverbesserung eingesetzt werden, beispielsweise wenn ein Tumor den Darm blockiert. Die Strahlentherapie zerstört Krebszellen. Etwa die Hälfte der Krebspatienten wird bestrahlt – Operationen werden häufiger vorgenommen, und beide Methoden werden oft kombiniert, um sicherzustellen, dass auch die Randzonen um die Tumoren erfasst werden. Krebszellen sind weitaus strahlungsempfindlicher als gesunde Zellen. Die Bestrahlung bewirkt ihre Apoptose (»Zellselbstmord«) oder genetische Schädigung, sodass sie sich nicht mehr vermehren können. Die Chemotherapie zerstört Krebszellen chemisch. Bei Bestrahlung und Chemotherapie treten allerdings unerwünschte Nebenwirkungen auf, die bei letzterer Behandlung gravierender sind: Sie zerstört neben Krebszellen auch gesunde, was zu Übelkeit, Haarausfall und Anämie führt. Auch ein lebensbedrohlicher Verlust weißer Blutzellen (neutropenische Sepsis), die Infektionen bekämpfen, kann die Folge sein.

VERWANDTE THEMEN
COMPUTERTOMOGRAFIE (CT)
Seite 52

MAGNETRESONANZTOMOGRAFIE (MRT)
Seite 54

ANÄSTHESIE & CHIRURGIE
Seite 80

KREBS
Seite 106

3-SEKUNDEN-BIOGRAFIEN
WILLIAM STEWART HALSTED
1852–1922
Amerikanischer Chirurg, der die erste radikale Mastektomie zur Behandlung von Brustkrebs durchführte

EMIL GRUBBE
1875–1960
Amerikanischer Homöopath, der Brustkrebs mit Strahlung behandelte

30-SEKUNDEN-TEXT
Joanna Matthan

Ein Behandlungsplan für Krebs beinhaltet meist eine ganze Reihe therapeutischer Maßnahmen zur Bekämpfung der Tumoren.

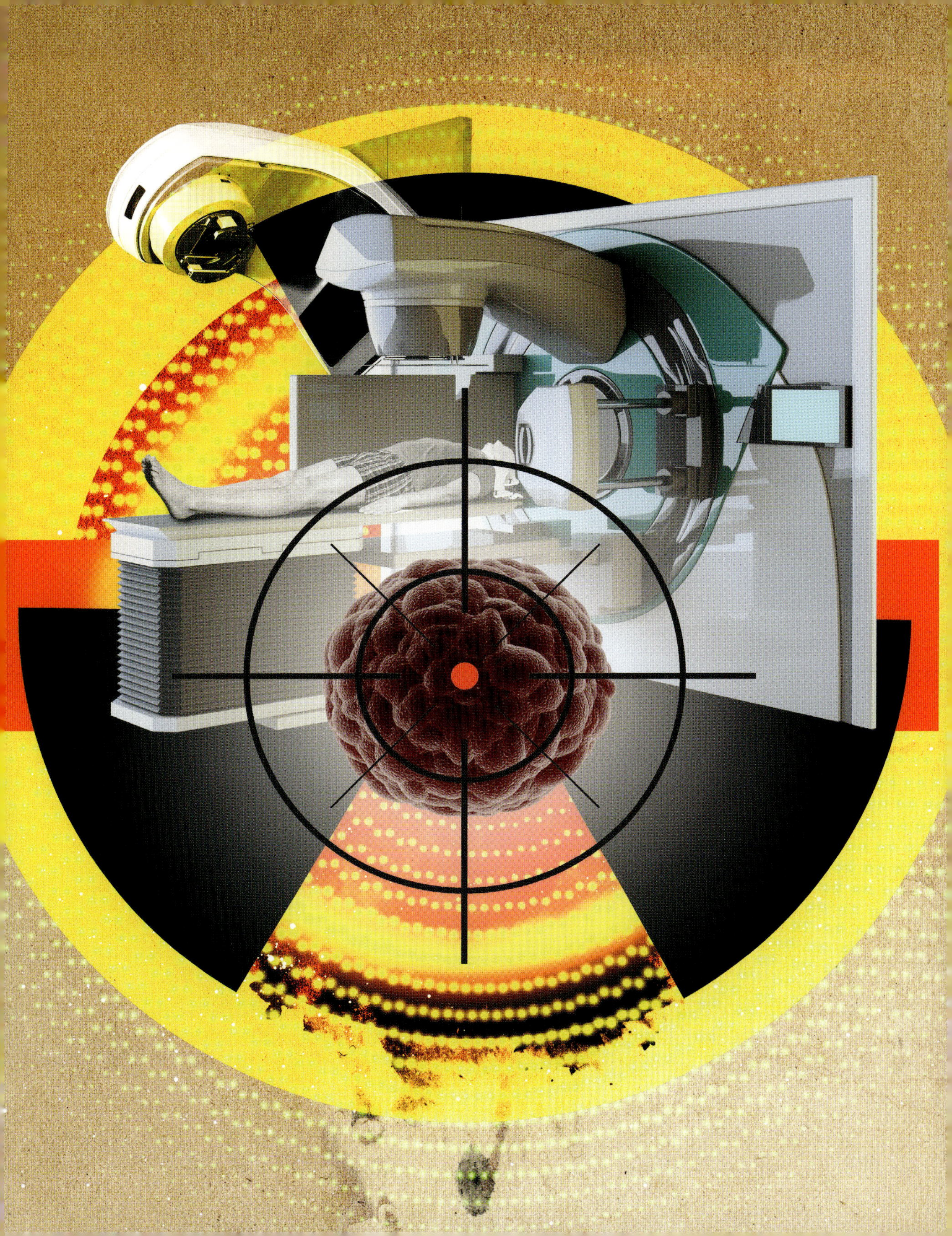

EMPFÄNGNIS-VERHÜTUNG

30 Sekunden Medizin

3-SEKUNDEN-DOSIS
Die zahlreichen Methoden der Empfängnisverhütung dienen der Vermeidung einer ungewollten Schwangerschaft.

3-MINUTEN-KUR
Schon aus dem Alten Ägypten existieren Berichte von recht erfolgreicher Empfängnisverhütung mit Pessaren aus Krokodilmist, obskuren Kräutern oder Honig, wurden, doch erst gegen Ende des 19. Jahrhunderts standen neben Kondomen auch andere zuverlässige Verhütungsmethoden wie das Okklusiv-Pessar zur Verfügung. Eine der ältesten und nicht sehr zuverlässigen Methoden der Empfängnisverhütung ist das Herausziehen des Penis aus der Vagina vor der Ejakulation (Coitus interruptus). Sie wird häufig in Kulturen oder Religionen praktiziert, in denen Empfängnisverhütung verboten ist.

Für die bewusste Vermeidung einer Schwangerschaft stehen heute zahlreiche Methoden zur Verfügung. Am zuverlässigsten ist die dauerhafte und praktisch unumkehrbare Sterilisation (Unfruchtbarmachung): das Durchtrennen (oder Abbinden) der beiden Samenleiter, die das Sperma vom Hoden zum Penis transportieren (Vasektomie) beim Mann oder das Abklemmen bzw. Verschweißen (Ligatur) der Eileiter bei Frauen. Sie sind zu 99 Prozent zuverlässig. Zu den umkehrbaren, aber ebenso zuverlässigen Verhütungsmethoden gehören hormonelle Verhütungsmittel (Antibabypillen), Intrauterinpessare (im Volksmund Spiralen genannt, aus Metall und/oder Kunststoff, die unter anderem die Nidation verhindern) sowie Kondome, falls sie korrekt und in Kombination mit einem Spermizid verwendet werden. Bei einigen von ihnen besteht das Risiko unerwünschter Nebenwirkungen wie Gewichtszunahme, Übelkeit, Blutgerinnsel und Entzündungen des Beckens.
Zu den Methoden, die garantiert keine Nebenwirkungen haben, gehören der Verzicht auf Sex um die Zeit des Eisprungs herum und die Verwendung von Barriereverhütungsmethoden wie Kondom, Diaphragma oder Portiokappe sowie das regelmäßige Stillen nach der Geburt – die aber nicht alle zuverlässig sind. Verhütung spielt nicht nur eine wichtige Rolle bei der Bevölkerungskontrolle. Das Kondom hat auch dazu beigetragen, die Ausbreitung sexuell übertragbarer Infektionen in den Griff zu bekommen.

VERWANDTES THEMA
HUMANES IMMUNDEFIZIENZ-VIRUS (HIV)
Seite 104

3-SEKUNDEN-BIOGRAFIEN

SORANOS VON EPHESOS
um 98–138
Griechischer Arzt und Autor von Werken über Geburtshilfe und Frauenkrankheiten, die auch die detaillierteste frühe Erläuterung der Verhütung enthalten

ALETTA HENRIETTE JACOBS
1854–1929
Niederländische Ärztin und Erfinderin, die sich für die Versorgung von Frauen mit Verhütungsmitteln einsetzte und die erste systematische Arbeit über Verhütung verfasste

JOHN ROCK
1890–1984
Amerikanischer Geburtshelfer und Gynäkologe, der eine wichtige Rolle bei der Entwicklung der Antibabypille spielte und zu den Pionieren der Kryokonservierung von Spermien sowie der IVF gehörte

30-SEKUNDEN-TEXT
Joanna Matthan

Die Verhütungsmethoden unterscheiden sich deutlich, was ihre Zuverlässigkeit anbelangt.

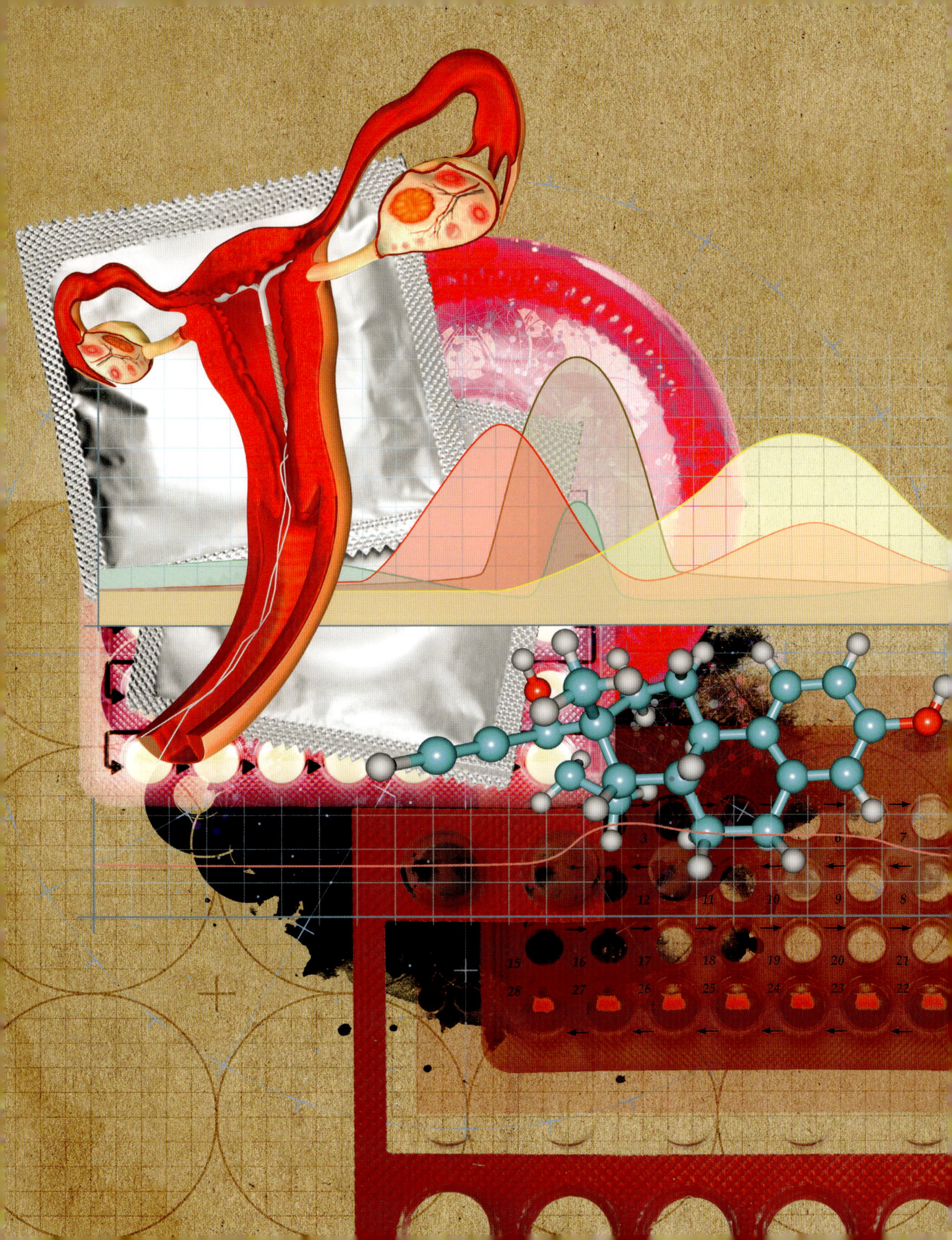
3
6
7
12
11
10
9
8
15
16
17
18
19
20
21
28
27
26
25
24
23
22

ANTIBIOTIKA

30 Sekunden Medizin

3-SEKUNDEN-DOSIS
Antibiotika haben die Medizin revolutioniert und kommen bei der Behandlung und Vorbeugung von Infektionen zum Einsatz, die von Bakterien verursacht werden.

3-MINUTEN-KUR
Schon die alten Ägypter, Griechen und Inder behandelten mit gewissen Schimmelpilzen Infektionen, aber erst nach der (Wieder-)Entdeckung des Penicillins durch Alexander Fleming erkannte man die weitreichenden Möglichkeiten der Antibiotika. Ein ausgezeichnetes Beispiel ist die Behandlung der sexuell übertragbaren Krankheit Syphilis. Als noch keine Antibiotika verfügbar waren, bedeutete eine Ansteckung den Tod. Zuvor stürzt die Krankheit die Patienten im Spätstadium jedoch in den Wahnsinn. Eine einzig Dosis Penicillin heilt Syphilis.

Antibiotika sind aus Schimmelpilzen chemisch hergestellte Medikamente, die Bakterien abtöten oder ihr Wachstum stoppen. Sie werden verbreitet zur Behandlung von bakteriellen Infektionen wie Appendizitis, Tuberkulose, Wundinfektionen und Syphilis eingesetzt. Manchmal finden sie auch zur Vorbeugung bakterieller Infektionen Verwendung, insbesondere nach einem chirurgischen Eingriff zur Verhinderung von Wundinfektionen oder bei Patienten mit geschwächtem Immunsystem. Gegen Viren zeigen Antibiotika dagegen keine Wirkung, sodass Grippe und Erkältungen nicht damit behandelt werden können. Antibiotika sind so aufgebaut, dass sie zwischen Wirtszelle und Bakterien unterscheiden können. Einige verhindern die Vermehrung von Bakterienzellen, sodass deren Population niedrig bleibt und der Wirt sich besser verteidigen kann (Makrolide und Tetracycline), andere töten die Bakterien ab, indem sie sie am Aufbau der Zellwände hindern (Penicilline und Sulfonamide). Engspektrumantibiotika wie Penicillin G (Benzylpenicillin) wirken nur auf bestimmte Bakterienarten, Breitbandantibiotika (Tetracycline) dagegen auf eine Vielzahl von Organismen. Der umfassende Einsatz von Antibiotika hat in der medizinischen Fachwelt zu großer Besorgnis geführt, denn immer mehr Bakterien werden antibiotikaresistent, was die Behandlung von Infektionen deutlich erschwert.

VERWANDTE THEMEN
JOSEPH LISTER
Seite 38

ALEXANDER FLEMING
Seite 78

ANÄSTHESIE & CHIRURGIE
Seite 80

3-SEKUNDEN-BIOGRAFIEN

JOHN SCOTT BURDON-SANDERSON
1828–1905
Englischer Arzt und Physiologe, der beobachtete, dass Schimmelpilze der Gattung *Penicillium* das Wachstum von Bakterien stoppten

ALEXANDER FLEMING
1881–1955
Schottischer Biologe, Pharmakologe, Botaniker und Nobelpreisträger, der 1928 als Erster den Schimmelpilz *Penicillium notatum* rein kultivierte, den daraus gewonnenen bakterientötenden Stoff als Penicillin bezeichnete und 1929 wissenschaftlich beschrieb

30-SEKUNDEN-TEXT
Joanna Matthan

Die aus Schimmelpilzen gewonnenen Antibiotika werden zur Behandlung bakterieller Infektionen eingesetzt.

1881
Geburt in Lochfield, Schottland

1903
Studium der Medizin an der *St Mary's Hospital Medical School*, London

1906
Abschluss mit Auszeichnung, strebt eine Chirurgenkarriere an

1908
Bachelor of Science in Bakteriologie mit Goldmedaille, Dozent an der *St Mary's Hospital Medical School* (bis 1914)

1909
Chirurg, aber weiterhin auf der Suche nach Behandlungsmethoden für Infektionen

1914–1918
Kriegsdienst als Hauptmann im *Royal Army Medical Corps*; stellt fest, dass sich Wundinfektion bei Verwendung von Antiseptika verschlimmern

1921
Isolierung des Enzyms Lysozym mit antibakterieller Wirkung, das in menschlichen Körpersekreten vorkommt

1928
Entdeckung des Penicillins (*Penicillium notatum*), Ernennung zum Professor für Bakteriologie

1929
Veröffentlichung des ersten wissenschaftlichen Berichts im *British Journal of Experimental Pathology*. Experimentiert bis 1940 mit Penicillin und gibt dann auf. Howard Walter Florey und Ernst Boris Chain forschten in Oxford weiter und produzierten Penicillin nach dem Bombenangriff auf Pearl Harbor in großen Mengen

1943
Mitglied der *Royal Society*

1945
Nobelpreis für Physiologie oder Medizin zusammen mit Florey und Chain

1948
Professor emeritus für Bakteriologie an der Universität London

1951
Rektor der Universität Edinburgh (für drei Jahre)

1955
Tod durch Herzinfarkt, Grab in der St.-Pauls-Kathedrale in London

ALEXANDER FLEMING

Eine glückliche Entdeckung

setzte Alexander Fleming auf die Liste der großen Persönlichkeiten des 20. Jahrhunderts: 1928 verunreinigte der Schimmelpilz *Penicillium notatum* eine Petrischale mit einer Staphylokokkenkultur, die er in seinem unordentlichen Labor gezüchtet hatte, und brachte das Wachstum der Bakterien zum Stillstand. Er veröffentlichte seine Erkenntnisse 1929, stieß damit aber zunächst nur auf wenig Beachtung in der medizinischen Fachwelt. Nachdem Fleming die Substanz vorerst als »Schimmelsaft« bezeichnet hatte, prägte er den Namen *Penicillin* für das Antibiotikum. In den folgenden elf Jahren arbeitete er unbeirrt weiter an der Isolierung des Penicillins und der Kultivierung des Schimmelpilzes. Als er seine Bemühungen 1940 schließlich einstellte, führten Howard Walter Florey und Ernst Boris Chain in Oxford die Penicillinforschung weiter und entwickelten es zum Medikament, das nach dem Beginn der Massenproduktion im Zweiten Weltkrieg unter anderem zur Behandlung von Kriegsverwundeten diente. Flemings Entdeckung eines Antibiotikums, das tödlichen bakteriellen Erkrankungen Einhalt geboten, hat seither unzählige Menschenleben gerettet und den Lauf der Geschichte verändert.

Fleming wurde 1881 als Sohn eines Bauern im schottischen Ayrshire geboren. Mit sechzehn Jahren zog er nach London, um in der Schifffahrtsbranche zu arbeiten. Nachdem er etwas Geld geerbt hatte, entschied er sich für eine Ausbildung zum Arzt. Als herausragender Schüler schloss Fleming 1906 die *St Mary's Hospital Medical School* mit Auszeichnung ab. Er blieb an dieser Schule und widmete sich dort unter Almroth Wright (einem Pionier in der Immunologie und Impfstofftherapie) der Bakteriologie. 1908 wurde er für seine Forschungen mit einem *Bachelor of Science* mit Goldmedaille ausgezeichnet.

Im Ersten Weltkrieg diente Fleming als Hauptmann im *Royal Army Medical Corps* und machte in dieser Zeit weitere wichtige Beobachtungen zur Behandlung von Wundinfektionen. 1915 heiratete er die irische Krankenschwester Sarah McElroy. Ihr einziges Kind Robert wurde Arzt. Nach dem Krieg kehrte er an die *St Mary's Hospital Medical School* zurück. Seine Frau verstarb 1949, und 1953 heiratete er in zweiter Ehe seine griechische Arbeitskollegin Amalia Koutsouri-Vourekas.

Fleming verfasste zahllose Artikel auf den Gebieten der Immunologie, Bakteriologie sowie Chemotherapie und erhielt zahlreiche Auszeichnungen. 1944 schlug ihn König Georg VI. zum Ritter, nachdem ihn ein Jahr zuvor die *Royal Society* in die Reihen ihrer Mitglieder aufgenommen hatte. Als Höhepunkt seiner Karriere wurde er 1945 zusammen mit Florey und Chain mit dem Nobelpreis für Physiologie oder Medizin ausgezeichnet. Er starb am 11. März 1955 an einem Herzinfarkt.

Joanna Matthan

ANÄSTHESIE & CHIRURGIE

30 Sekunden Medizin

3-SEKUNDEN-DOSIS
Die meisten chirurgischen Eingriffe wären ohne Anästhesie (Betäubung) und erfahrene Anästhesisten, die den Zustand der Patienten überwachen, nicht möglich.

3-MINUTEN-KUR
Operiert wird seit Jahrhunderten, und die Chirurgie war beispielsweise im alten Indien und China hoch entwickelt. In Europa werden Chirurgen seit dem 17. Jahrhundert an Universitäten ausgebildet. Ihre anatomischen Kenntnisse erlaubten ihnen die schnelle Durchführung der Eingriffe (Amputationen innerhalb von Minuten), aber ohne Anästhetika konnte dieser Zweig der Medizin nicht wachsen. Eine Änderung zum Besseren brachten die Keimtheorie mit der Verbreitung der Asepsis, bildgebende Verfahren (Röntgen) und Anästhetika.

Anästhetika führen im Rahmen bestimmter Untersuchungen oder chirurgischer Eingriffe einen Zustand der Empfindungslosigkeit herbei. Lokalanästhetika werden zur örtlichen Betäubung bei kleineren Eingriffen eingesetzt. Der Patient bleibt dabei wach. Eine Narkose schaltet Bewusstsein sowie Schmerzempfinden völlig aus und kommt bei größeren Operationen zum Einsatz. Bei der Periduralanästhesie während der Geburt und anderen Formen der Regionalanästhesie bleibt die Patientin wach. Operationen, wie wir sie heute kennen, wären ohne Anästhesie unmöglich. Die Zweige der Chirurgie gliedern sich alle noch weiter auf. Elektive Operationen (Wahleingriffe) führen Chirurgen zu einem wählbaren Zeitpunkt durch, Notoperationen dagegen sofort, um das Leben oder Gliedmaßen zu retten. Unverzichtbare Operationen, die für Tage aufschiebbar sind, werden als frühelektiv bezeichnet. Chirurgen entscheiden sich manchmal auch für eine diagnostische Operation, um Klarheit zu schaffen. Chirurgische Eingriffe werden von Teams vorgenommen, die aus Chirurg, Assistenzarzt, Anästhesist, OP-Schwestern und Operationstechnischen Assistenten bestehen. Je nach Komplexität und Art des Eingriffs variiert die Dauer des Eingriffs stark – von wenigen Minuten für die Entfernung eines Muttermals bis zu Stunden für die Entfernung eines Teils des Darms. Die Patienten müssen anästhesiert und aseptische Bedingungen gewährleistet sein.

VERWANDTE THEMEN
URSPRÜNGE DER MEDIZIN
Seite 16

JOSEPH LISTER
Seite 38

RÖNTGEN
Seite 50

KREBSBEHANDLUNG
Seite 72

3-SEKUNDEN-BIOGRAFIEN

HUMPHRY DAVY
1778–1829
Britischer Chemiker und Erfinder, der 1798 nachwies, dass das Einatmen von Lachgas Schmerzen lindert

WILLIAM THOMAS GREEN MORTON
1819–1868
Amerikanischer Zahnarzt, der 1846 die Durchführbarkeit der chirurgischen Anästhesie mit Äther durch eine Operation vor Fachpublikum unter Beweis stellte

30-SEKUNDEN-TEXT
Joanna Matthan

Die Entwicklung effektiver Anästhesie ermöglichte die moderne Chirurgie.

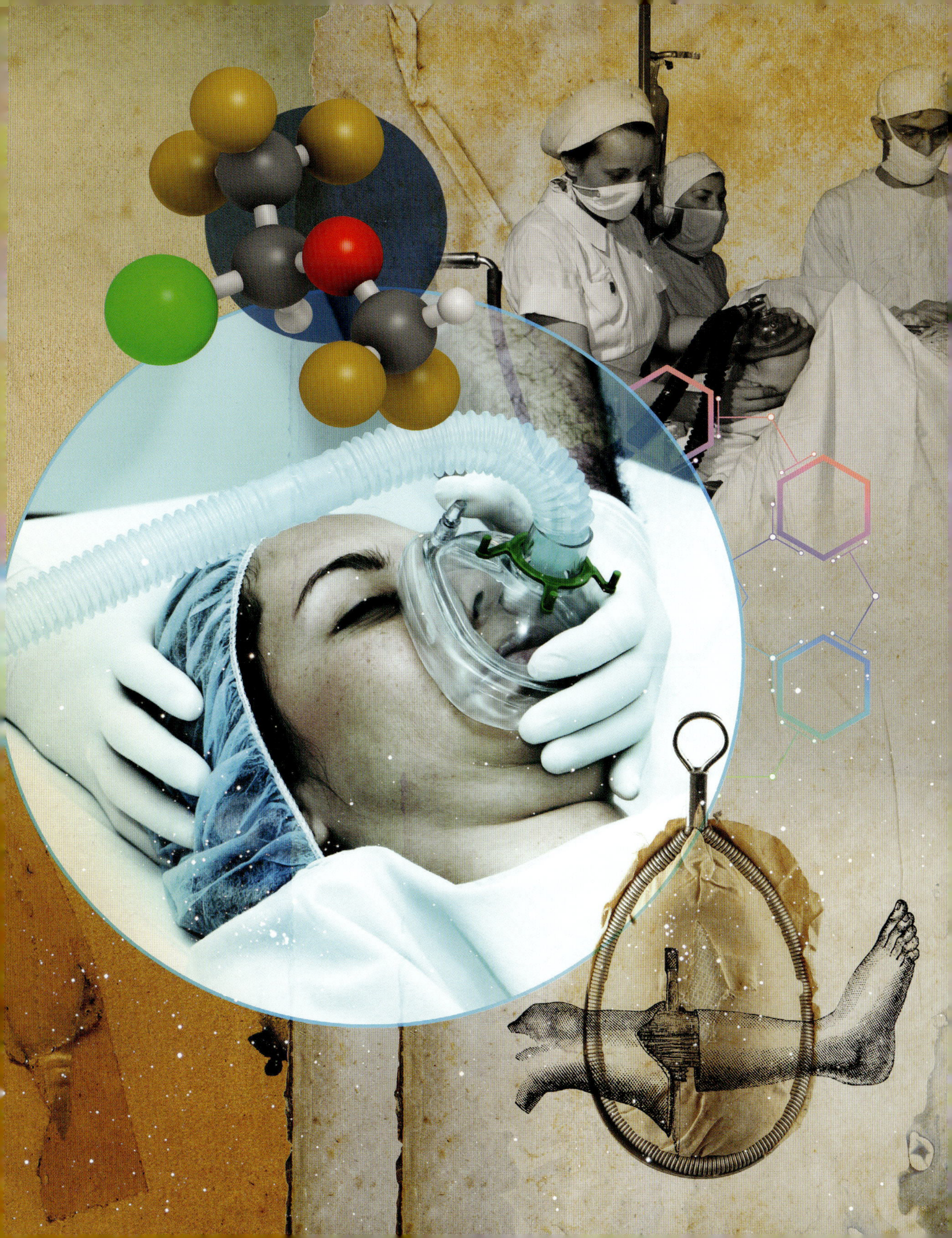

BLUTTRANSFUSION & -SPENDE

30 Sekunden Medizin

Die heutige Medizin ist bei vielen Routine- und Noteingriffen auf Bluttransfusionen, die Übertragung von Blut eines Spenders in die Vene eines Empfängers, angewiesen. Da die Lebensdauer der Blutprodukte sehr kurz ist, wird kontinuierlich Nachschub benötigt. Von den mindestens 35 anerkannten Blutgruppensystemen haben das ABO- und RhD-Antigensystem die größte Verbreitung. Jeder Mensch gehört einer der Blutgruppen A, B, AB oder O an und ist entweder Rhesus-positiv oder -negativ – je nach An- oder Abwesenheit eines Antigens (Proteins oder Kohlenhydrats) auf der Oberfläche der roten Blutkörperchen. Die Blutgruppe einer Person wird von beiden Eltern nach bestimmten Regeln vererbt. Das Blut der in den meisten Ländern freiwilligen Spender wird auf Krankheitserreger untersucht. Nach der Spende wird es in verschiedene Komponenten (rote Blutkörperchen, Blutplasma, weiße Blutkörperchen und Blutplättchen) separiert, sodass sich jede Komponente nach Bedarf für Empfänger verwenden lässt. Die Bluttransfusion dauert länger, zum Beispiel bei roten Blutkörperchen vier Stunden und bei Blutplättchen 30 Minuten pro Einheit. So wird sichergestellt, dass der Empfänger möglichst keinen Schaden erleidet. Unerwünschte Reaktionen auf Transfusionen kommen gar nicht so selten vor. Dafür gibt es zahlreiche Gründe wie Allergien, Empfindlichkeit gegenüber Spenderleukozyten oder eine unentdeckte Inkompatibilität der roten Blutkörperchen.

3-SEKUNDEN-DOSIS

Da Bluttransfusionen sowohl bei Not- als auch bei Routineeingriffen erfolgen, ist die Medizin auf Blutspenden angewiesen.

3-MINUTEN-KUR

Schon zur Mitte des 17. Jahrhunderts versuchte man sich in Europa an Bluttransfusionen, aber die Patienten starben oft an Unverträglichkeitsreaktionen. Dank dem Wissen um die Blutgruppen und Rhesusfaktoren kommen sie heute häufig als sichere, lebensrettende Maßnahme zum Einsatz. In den Siebzigerjahren stellte man fest, dass Bluttransfusionen ein erhebliches Risiko für die Übertragung von Viren wie Hepatitis B/C oder HIV mit sich bringen. Seitdem wird Spenderblut auf Antikörper gegen die häufigsten Viren getestet.

VERWANDTE THEMEN

ORGANSPENDE
& -TRANSPLANTATION
Seite 30

STAMMZELLEN &
TISSUE ENGINEERING (TE)
Seite 60

3-SEKUNDEN-BIOGRAFIEN

KARL LANDSTEINER
1868–1943
Österreichisch-amerikanischer Arzt und Biologe, der die drei Hauptblutgruppen entdeckte und sie klassifizierte

JAN JANSKÝ
1873–1921
Tschechischer Neurologe, Psychiater und Serologe, der alle vier Blutgruppen des ABO-Systems unterschied und sie als I-IV durchnummerierte

30-SEKUNDEN-TEXT

Joanna Matthan

Die vier für die oft unerlässlichen Bluttransfusionen grundlegenden Blutgruppen unterscheiden sich im Vorhandensein von Antigenen auf den roten Blutkörperchen.

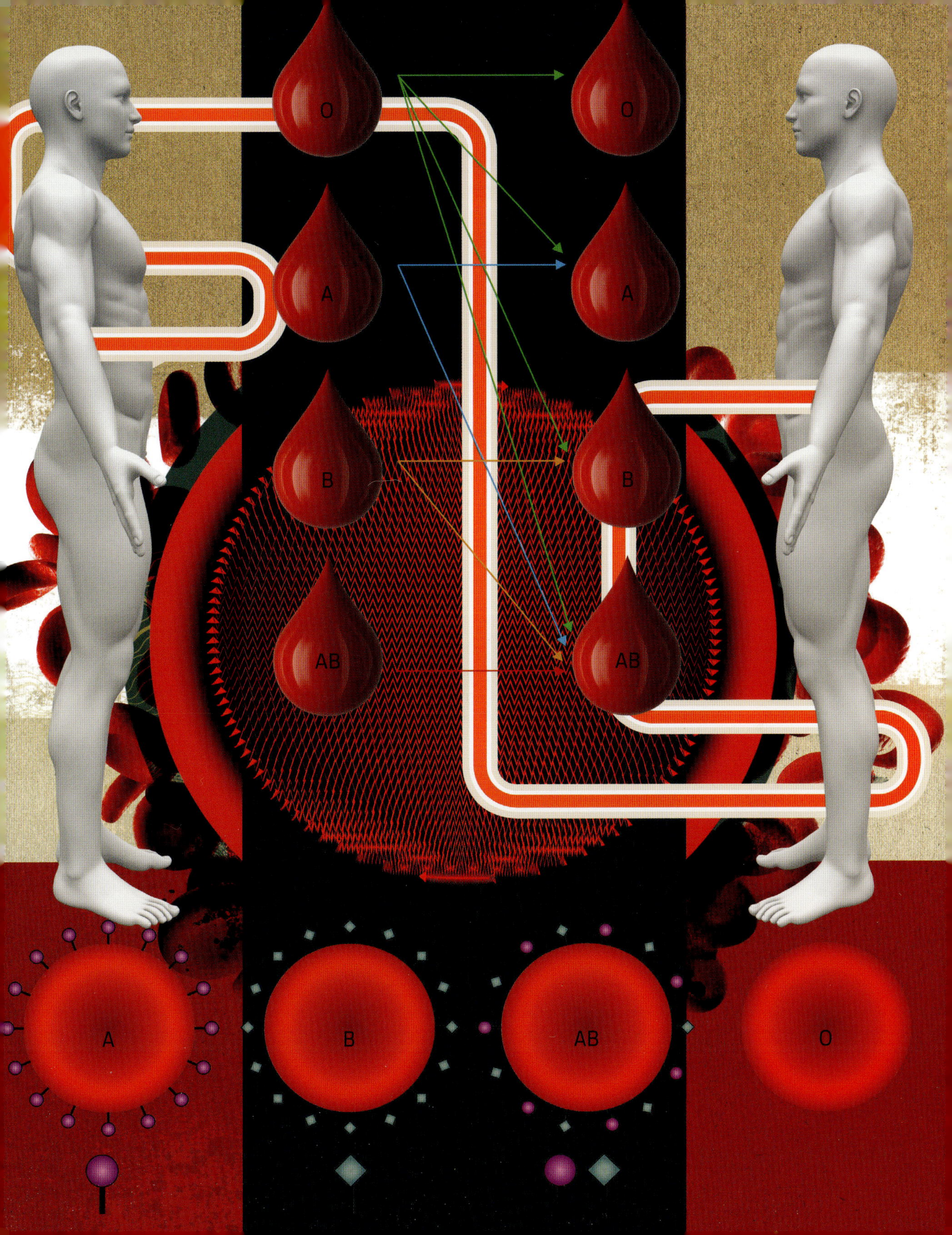
O
O
A
A
B
B
AB
AB
A
B
AB
O

LOBOTOMIE & ELEKTROKONVULSIONSTHERAPIE (EKT)

30 Sekunden Medizin

Das als Lobotomie bezeichnete Durchtrennen der Verbindung zwischen den Frontallappen und dem übrigen Gehirn wurde erstmals in den Dreißigerjahren durchgeführt. Da man bei Patienten mit psychischen Störungen von festen Schaltkreisen im Gehirn ausging, glaubte man, ihr Verhalten ändern zu können, indem man die erwähnte Verbindung durchtrennte. Dazu wurden zwei Löcher in die Oberseite oder die Seiten des Schädels gebohrt und ein Leukotom (ein scharfes Instrument) ins Gehirn zwischen den Frontallappen und dem Rest des Gehirns hindurch auf die andere Seite geschoben. Dieses psychochirurgische Verfahren kam bei der Behandlung von Zwangsstörungen, Depressionen, Manie und Schizophrenie zum Einsatz. Jedes Jahr fanden Tausende Operationen statt, doch in den Fünfzigerjahren geriet sie wegen ihrer mangelhaften Wirkung und der schlimmen Folgen für die Patienten in Ungnade. Die 1938 von zwei italienischen Ärzten eingeführte Elektrokonvulsions- oder Elektrokrampftherapie (EKT) wird dagegen bis heute zur Behandlung besonders hartnäckiger psychischer Erkrankungen wie schwer therapierbarer Depressionen eingesetzt. Bei diesem Verfahren werden Wechselstromimpulse von beiden Seiten über Elektroden in die Schläfen geleitet. Dies führt zu sofortiger Bewusstlosigkeit und einem Anfall. Eine Folge ist ein gewisser Gedächtnisverlust. Die Behandlung erfolgt oft mehrmals über mehrere Wochen. Durch die Verfügbarkeit von Tranquilizern kommt die EKT seltener zum Einsatz.

3-SEKUNDEN-DOSIS

Lobotomie und EKT kamen häufig bei unheilbaren psychischen Erkrankungen zum Einsatz, als noch keine Medikamente für diese Art von Erkrankungen zur Verfügung standen.

3-MINUTEN-KUR

Ken Kesey schuf mit seinem Roman *Einer flog über das Kuckucksnest* (1962, deutsche Erstausgabe 1972) ein öffentliches Bewusstsein für die negativen Auswirkungen von EKT und Lobotomie. Der Protagonist, der eine psychische Krankheit vortäuscht, wird lobotomisiert und in einen vegetativen Zustand versetzt. Die große Popularität des Buchs und noch viel mehr des gleichnamigen Films von 1975 führte zu heftiger Kritik an beiden Verfahren, aber auch schon auf dem Höhepunkt ihrer Popularität lehnten viele Psychiater und Psychotherapeuten den Einsatz von Lobotomien und EKT ab.

VERWANDTE THEMEN

ANÄSTHESIE & CHIRURGIE
Seite 80

PSYCHOTHERAPIE
Seite 86

3-SEKUNDEN-BIOGRAFIEN

GOTTLIEB BURCKHARDT
1836–1907
Schweizer Arzt und Psychiater, der die erste psychochirurgische Operation durchführte

EGAS MONIZ
1874–1955
Portugiesischer Neurologe, Mitbegründer der modernen Psychochirurgie, Erfinder der Lobotomie

WALTER FREEMAN
1895–1972
Amerikanischer Arzt und Psychiater, der die erste Lobotomie in den USA durchführte; mit der »Eispickelmethode« verschaffte er sich durch die Augenhöhlen schnell Zugang zum Gehirn

30-SEKUNDEN-TEXT

Joanna Matthan

Lobotomie und EKT waren früher die wichtigsten Behandlungsmethoden bei psychischen Erkrankungen.

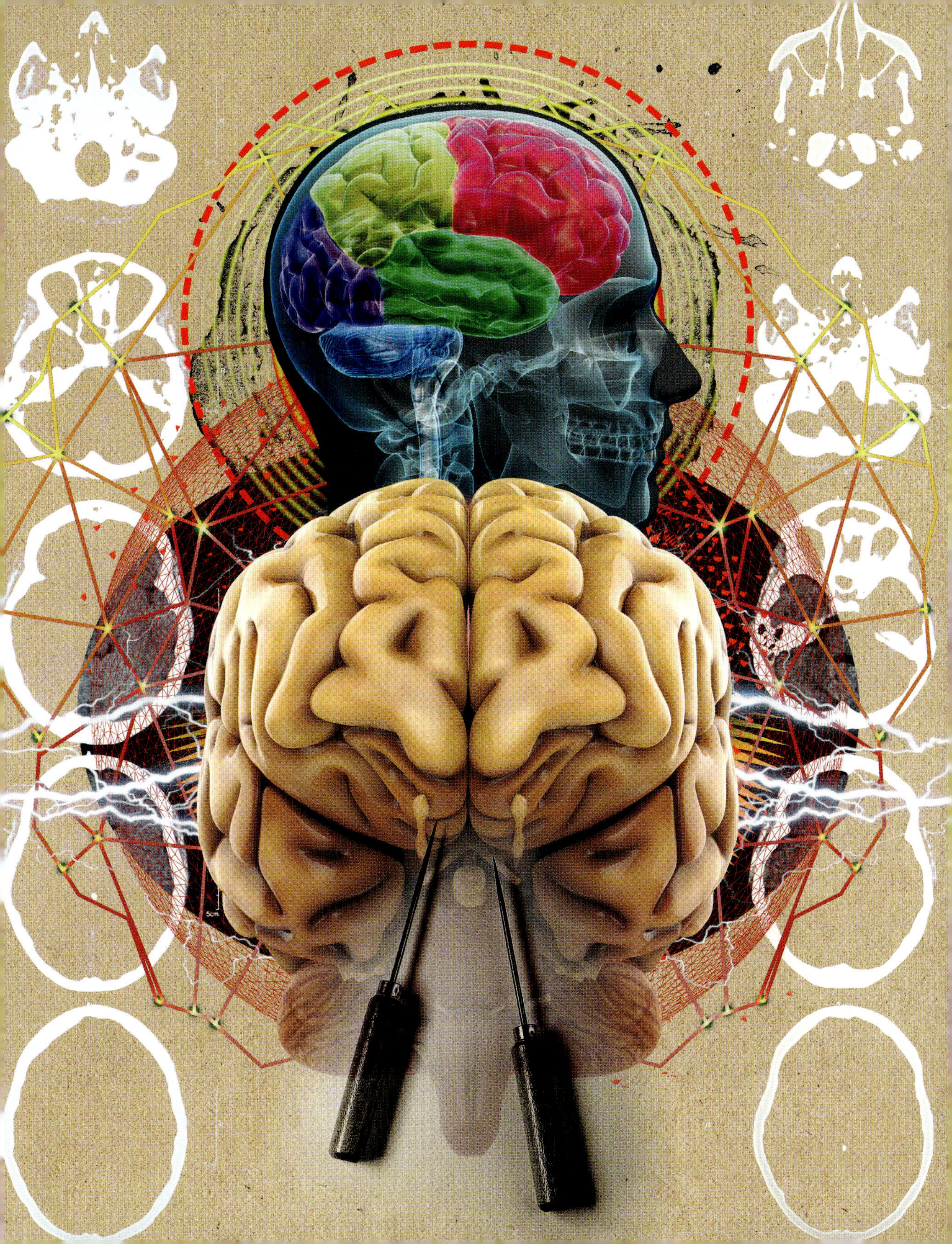

PSYCHOTHERAPIE

30 Sekunden Medizin

3-SEKUNDEN-DOSIS
Unter einer Psychotherapie versteht man eine von zahlreichen Gesprächstherapien, die der Behandlung emotionaler, psychologischer oder von Verhaltensstörungen dienen.

3-MINUTEN-KUR
Die frühen Psychoanalytiker haben nicht nur Psychotherapie und Psychologie, sondern auch Literatur und Kunst beeinflusst. Sigmund Freud prägte die Begriffe »unbewusst«, »bewusst« und »vorbewusst« durch seine Theorie der psychologischen Realität (Es, Ich und Über-Ich). Begriffe aus seinen Schriften wie neurotisch, Verleugnung, Libido, kathartisch, anal, Repression verwenden wir heute im Alltag. Berühmt sind auch die Freud'schen Versprecher, und unsere Vorstellungen von Sexualität und Persönlichkeitsstörungen gehen zu guten Teilen auf Freud zurück.

»Psychotherapie« dient als Oberbegriff für zahlreiche Gesprächstherapien bei emotionalen, psychischen und Verhaltensstörungen. Ein ausgebildeter Psychotherapeut stellt eine persönliche Beziehung zur Person (oder Gruppe) her, die er behandelt, um die Symptome der Störung zu identifizieren und zum Abklingen zu bringen. Psychopharmaka können ergänzend zum Einsatz kommen, aber es sind die Worte des Therapeuten, die zu Veränderungen beim Patienten führen. Zu den Behandlungsmethoden der Psychotherapie gehören die Ergründung von Problemen, emotionale Unterstützung und Verhaltenstherapien, die unter anderem auf der Konditionierung nach Iwan Pawlow, dem Behaviorismus von B. F. Skinner sowie Albert Banduras Theorie des sozialen Lernens beruhen. Da man früher glaubte, psychische Leiden würden von bösen Geistern verursacht, waren Priester und Medizinmänner für deren Behandlung zuständig. Franz Anton Mesmer (1734–1815) demonstrierte dann, dass einige psychische Beschwerden verschwanden, wenn er den Patienten in Trance versetzte. Damit stand er am Anfang der wissenschaftlichen Erforschung der menschlichen Psyche. Später stellten Sigmund Freud und Josef Breuer durch Beobachtungen einen Zusammenhang zwischen traumatischen Kindheitserfahrungen und der Entstehung psychischer Erkrankungen fest. Die in Freuds Psychoanalyse übliche »Sprechtherapie« hat die Psychotherapie nachhaltig beeinflusst.

VERWANDTES THEMA
SCHAMANEN & HEXENDOKTOREN
Seite 14

3-SEKUNDEN-BIOGRAFIEN

IWAN PAWLOW
1849–1936
Russischer Physiologe und Nobelpreisträger, der vor allem für seine klassische Forschung zur Konditionierung und das Konzept des konditionierten Reflexes bekannt ist, das er am Beispiel von Hunden aufzeigte

SIGMUND FREUD
1856–1939
Österreichischer Neurologe und Begründer der Psychoanalyse; leistete den wahrscheinlich größten Beitrag zur Erforschung der menschlichen Psyche

ALBERT BANDURA
1925–2021
Kanadischer Psychologe und Urheber der Theorie des sozialen Lernens, die als Grundlage der modernen Psychotherapie gilt

30-SEKUNDEN-TEXT
Joanna Matthan

Die Psychotherapie wird bis heute von den Forschungen und Theorien Freuds und Pawlows beeinflusst.

Dr FREUD
9 XI 1930

ERKRANKUNGEN

ERKRANKUNGEN
GLOSSAR

Aneurysma Örtlich begrenzte Aussackung einer Arterie. Wird durch eine Wandschwächung, meist an der Verzweigung eines Gefäßes, verursacht.

Antibiotika Medikamente zur Behandlung oder Vorbeugung bakterieller Infektionen.

Arterie Blutgefäß, das Blut mit hohem Sauerstoffgehalt vom Herzen in andere Bereiche des Körpers transportiert.

Blutzucker Glukoseanteil im Blut. Glukose ist ein Zucker, der aus unserer Nahrung stammt oder im Körper gebildet und gespeichert wird. Sie stellt die wichtigste Energiequelle für unsere Körperzellen dar und wird über den Blutkreislauf zu ihnen transportiert.

Endemische Krankheit Krankheit, die in einem begrenzten geografischen Gebiet oder einer bestimmten Bevölkerungsgruppe fortwährend gehäuft auftritt.

Gentherapie Experimentelle Therapieform, bei der Krankheiten mithilfe der Gentechnik behandelt oder verhindert werden. Die drei Hauptmechanismen sind dabei: 1. Ersetzung eines mutierten (dauerhaft veränderten) Gens, das eine Krankheit verursacht, durch ein intaktes; 2. Abschalten eines mutierten Gens (Gen-Knockout), das nicht funktioniert; und 3. Einbringen eines neuen Gens in den Körper (Transfektion).

Immunsystem Schützt den Körper vor Erkrankungen. Es muss eine Vielzahl von Erregern wie Viren und Bakterien erkennen und abwehren, die dem Körper Schaden zufügen könnten.

Lymphgefäß Dünnwandige Gefäße mit Klappen, die für den Abtransport der sich im Gewebe bildenden Lymphflüssigkeit sorgen.

Physiotherapie Behandlungsmethode, mit der die Bewegungs- und Funktionsfähigkeit des Körpers nach Verletzungen, Erkrankungen oder bei Behinderungen wiederhergestellt werden soll. Physiotherapeuten greifen dazu unter anderem auf spezielle Trainingsmethoden oder manuelle Therapie zurück und beraten den Patienten umfassend.

Schlaganfall Plötzlich auftretende, lebensbedrohliche Erkrankung des Gehirns, wenn ein Teils nicht mehr mit Blut versorgt wird. Kann auch eintreten, wenn ein Blutgerinnsel ein Gefäß im Gehirn blockiert oder ein Gefäß platzt.

Virus Erreger, der sich in den Zellen lebender Wirte vermehrt. Infizierte Wirtszellen produzieren Abertausende identische Kopien des Virus und dies mit außerordentlicher Geschwindigkeit. Diese Virusreplikation kann zu einer Erkrankung des Wirts führen, wie beim Menschen das Erkältungs- oder Grippevirus.

Zentralnervensystem (ZNS) Anteil des Nervensystems, besteht aus Gehirn und Rückenmark.

MALARIA

30 Sekunden Medizin

3-SEKUNDEN-DOSIS
Die Infektionskrankheit Malaria wird von einem einzelligen Parasiten hervorgerufen, durch Stechmücken übertragen und fordert jährlich eine halbe Million Menschenleben.

3-MINUTEN-KUR
Aufgrund ihrer hohen Sterberate nimmt man an, dass Malaria einer der wesentlichen Selektionsfaktoren für die menschliche Evolution in der Neuzeit (Selektionsdruck) ist. Unter der Bevölkerung in den Malariagebieten sind bis heute einige Erbkrankheiten weitverbreitet, weil sie den Betroffenen zu einer gewissen Resistenz gegen Malaria verhelfen. Dazu gehören Bluterkrankungen wie Sichelzellanämie und Thalassämie.

Auf der Liste der verheerendsten menschlichen Krankheiten belegt die Malaria einen der Spitzenplätze: Nach Schätzungen einiger Forscher soll ihr bis zur Hälfte der bisherigen Erdbevölkerung zum Opfer gefallen sein. Auch heute noch zählt sie mit rund 200 Millionen Erkrankten und etwa 600 000 Todesfällen pro Jahr zu den größten Gefahren für die Gesundheit. Malaria wird durch fünf Arten eines einzelligen Parasiten aus der Gattung *Plasmodium* verursacht, die einen Teil ihres Lebenszyklus in Anopheles-Stechmücken zubringen. Eine Infektion tritt auf, wenn eine infizierte Mücke eine Person sticht, um Blut zu saugen. Die Symptome der Malaria setzen in der Regel ein bis drei Wochen nach der Infektion ein und beinhalten Fieber, Kopfschmerzen, Erbrechen und Gelbsucht. In schweren Fällen kann Malaria zu Krämpfen, Koma und zum Tod führen. Auch nach einer scheinbar erfolgreichen Behandlung der Malaria können die Patienten nach einigen Monaten einen Rückfall erleiden. Früher wurde Malaria mit Chinin behandelt, ein Medikament, das aus Chinarinde gewonnen wird. Heute werden Malariakranken standardmäßig aus dem Einjährigen Beifuß gewonnene Artemisinine kombiniert mit anderen Antimalariamitteln verabreicht. Trotz umfangreicher Forschung existiert bis heute kein Impfstoff, und die Malaria ist noch immer in über hundert tropischen und subtropischen Ländern endemisch.

3-SEKUNDEN-BIOGRAFIEN

CHARLES LOUIS ALPHONSE LAVERAN
1845–1922
Französischer Arzt, der entdeckte, dass Malaria durch einen einzelligen Parasiten hervorgerufen wird; es war der erste nachgewiesene einzellige Krankheitserreger

RONALD ROSS
1857–1932
Britischer Arzt, der nachwies, dass Stechmücken Malaria übertragen, und dafür 1902 mit dem Nobelpreis für Physiologie oder Medizin ausgezeichnet wurde

TU YOUYOU
geb. 1930
Chinesische Pharmakologin, die das zur Behandlung von Malaria verwendete Artemisinin aus dem Einjährigen Beifuß extrahierte. Sie erhielt 2015 den Nobelpreis für Physiologie oder Medizin.

30-SEKUNDEN-TEXT
Philip Cox

Malaria ist eine hochansteckende von Stechmücken übertragene Krankheit. Sie ist in den Tropen und Subtropen weitverbreitet.

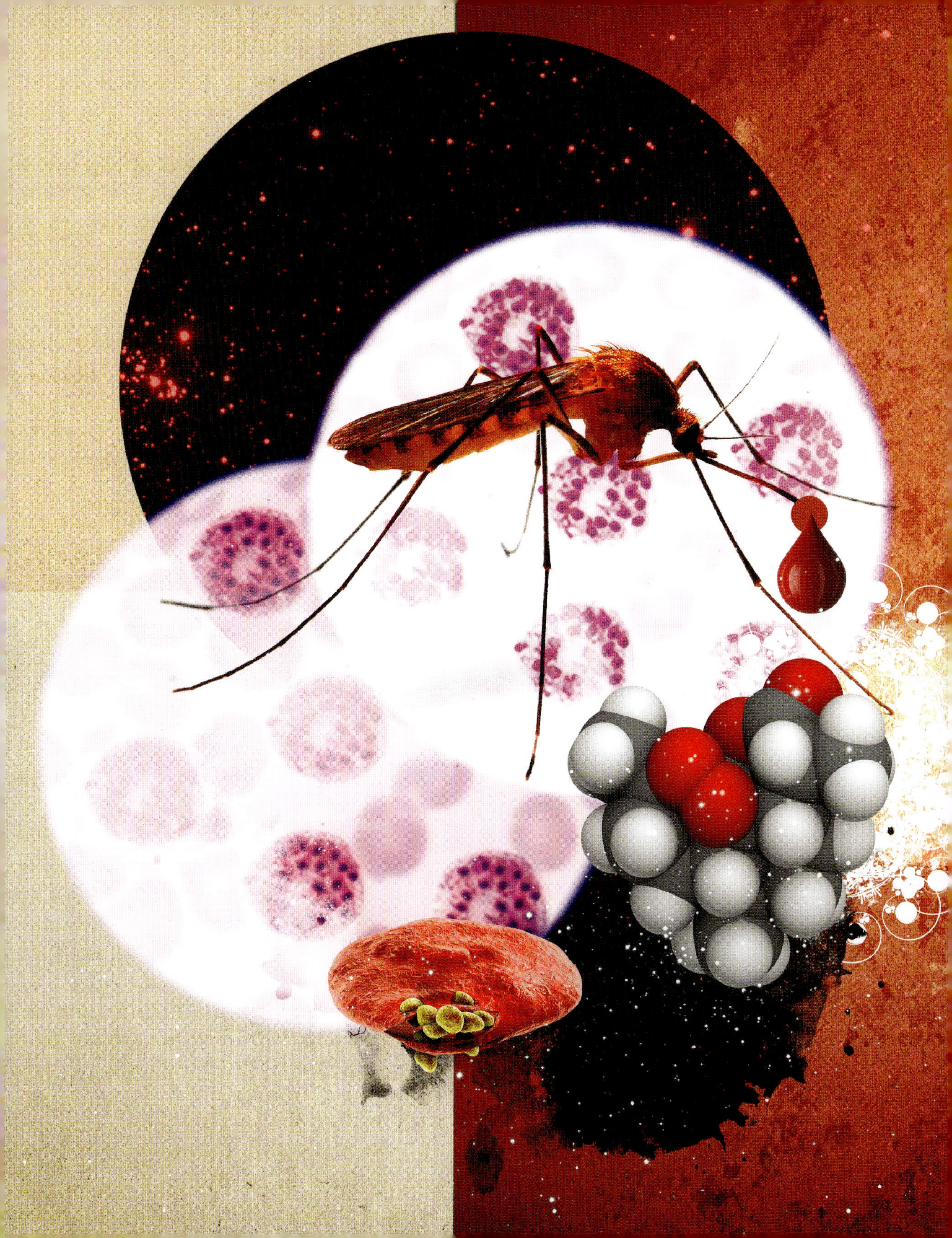

DEMENZ

30 Sekunden Medizin

3-SEKUNDEN-DOSIS
Als Demenz bezeichnet man ein Psychosyndrom, zu dessen Symptomen Gedächtnisverlust, eine verminderte geistige Wendigkeit und Schwierigkeiten bei der Problemlösung sowie beim Sprachverständnis und Sprechen gehören.

3-MINUTEN-KUR
Alkoholmissbrauch kann zu Demenz oder anderen organischen neuropsychiatrischen Störungen wie dem Korsakow-Syndrom führen, das mit Symptomen wie dem Verlust des Kurzzeitgedächtnisses verbunden ist. Ursächlich für die alkoholbedingte Demenz sind neurologische Schäden, die die Gehirnfunktion beeinträchtigen.

Bei einer Demenz leiden die Bereiche des Gehirns Schaden, die für Sprache, Gedächtnis und Entscheidungsfindung verantwortlich sind. Sie kann bei den Patienten umfassende Persönlichkeitsveränderungen hervorrufen. Demenz wird in den meisten Fällen durch Krankheiten verursacht und kann nicht rückgängig gemacht werden. Als Ursache kommen auch Alkohol- und Drogenmissbrauch infrage. An vorderster Stelle bei den verursachenden Erkrankungen steht mit Abstand die Alzheimer-Krankheit, bei der es zu Proteinablagerungen im Gehirn, senilen Plaques, kommt und in der Folge Neuronen absterben. Eine vaskuläre Demenz tritt als Folge einer verminderten Durchblutung des Gehirns durch Gefäßveränderungen (Arteriosklerose) auf und ist oft mit vielen kleinen Schlaganfällen verbunden. Die Lewy-Körper-Demenz wird durch Strukturen aus Proteinablagerungen, sogenannte Lewy-Körperchen, im Gewebe von Gehirnbereichen verursacht, die unter anderem für Gedächtnis und Muskelbewegung verantwortlich sind. In der Regel ist eine Demenz nicht heilbar und verschlimmert sich mit der Zeit. In der Spätphase benötigen Demenzkranke Unterstützung bei allen Alltagsaktivitäten und in vielen Fällen eine Rund-um-die-Uhr-Betreuung. Einige Medikamente auf dem Markt können das Fortschreiten der Krankheit hinauszögern und den Patienten dabei helfen, so lange wie möglich unabhängig zu bleiben.

3-SEKUNDEN-BIOGRAFIE
ALOIS ALZHEIMER
1864–1915
Deutscher Psychiater und Neuropathologe, der anhand seiner Patientin Auguste Deter erstmals die schwere Form von Gedächtnisverlust beschrieb, die heute nach ihm benannt ist

30-SEKUNDEN-TEXT
Gabrielle M. Finn

Alzheimer und andere Formen der Demenz ziehen die Bereiche des Gehirns in Mitleidenschaft, die Sprache, Gedächtnis und Entscheidungsfindung steuern, sodass die Handlungsfähigkeit der Erkrankten mit der Zeit immer mehr eingeschränkt wird.

DIABETES MELLITUS

30 Sekunden Medizin

3-SEKUNDEN-DOSIS
Ein Diabetes mellitus, kurz Diabetes, auch Zuckerkrankheit genannt, liegt vor, wenn der Blutzuckerspiegel über einen längeren Zeitraum erhöht ist.

3-MINUTEN-KUR
Ein Diabetes, der während der Schwangerschaft auftritt, wird als Schwangerschafts- oder Gestationsdiabetes bezeichnet. Die betroffenen Frauen waren vor der Schwangerschaft noch keine Diabetikerinnen, und nach der Entbindung tritt in der Regel wieder ein normaler Zuckerstoffwechsel ein.

Das von der Bauchspeicheldrüse ausgeschüttete Hormon Insulin regelt den Blutzuckerspiegel. Nahrung wird wird in Glukose zerlegt und gelangt in den Blutkreislauf, wo Insulin den Transport in die Zellen bewirkt. Dort wird die Glukose in Energie umgewandelt. Letzteres gilt nicht für Diabetiker, denn ihre Bauchspeicheldrüse produziert zu wenig Insulin oder ihre Zellen reagieren nicht darauf. Die Folge ist eine Hyperglykämie (erhöhter Blutzuckerspiegel), die zu schweren Organschäden führen kann. Zu den häufigen Symptomen von Diabetes gehören Gewichtsverlust, Durst, häufiges Wasserlassen oder Sehstörungen. Die Folge einer Insulinüberdosierung oder einer zu geringen Nahrungsaufnahme ist eine Hypoglykämie (niedriger Blutzuckerspiegel), die bei starker Ausprägung zu Bewusstlosigkeit führt. Typ-1-Diabetes, der meistens in der Kindheit ausbricht, gehört zu den Autoimmunerkrankungen: Das Immunsystem zerstört Insulin-produzierende Zellen. Typ-1-Diabetiker sind insulinabhängig. Typ-2-Diabetes beginnt später und ist die weitaus häufigere Form. Ein ungesunder Lebensstil, insbesondere Fettleibigkeit, begünstigen eine Erkrankung. Insulin wird entweder nicht produziert oder die Zellen reagieren nicht darauf (Insulinresistenz). Typ-2-Diabetiker benötigen nicht immer Insulin – eine Umstellung der Ernährung und mehr Bewegung reichen nicht selten aus. Die meisten Diabetiker messen jedoch ihren Blutzucker und verabreichen sich, wenn er zu hoch ist, Insulin oder essen bei einem zu niedrigen Wert Zucker.

VERWANDTES THEMA
INSULIN
Seite 140

3-SEKUNDEN-BIOGRAFIEN
FREDERICK BANTING
& CHARLES HERBERT BEST
1891–1941 & 1899–1978
Kanadischer Mediziner und sein Student, die das Insulin beim Menschen entdeckten. Sie injizierten es in einen Hund und fanden heraus, dass es den Blutzuckerspiegel senkte. Banting erhielt für seine Arbeit einen Nobelpreis, während Best leer ausging.

30-SEKUNDEN-TEXT
Gabrielle M. Finn

Die Entdeckung des Insulins durch Banting und Best revolutionierte die Diabetesbehandlung. Das in der Bauchspeicheldrüse produzierte Insulin regelt den Blutzuckerspiegel.

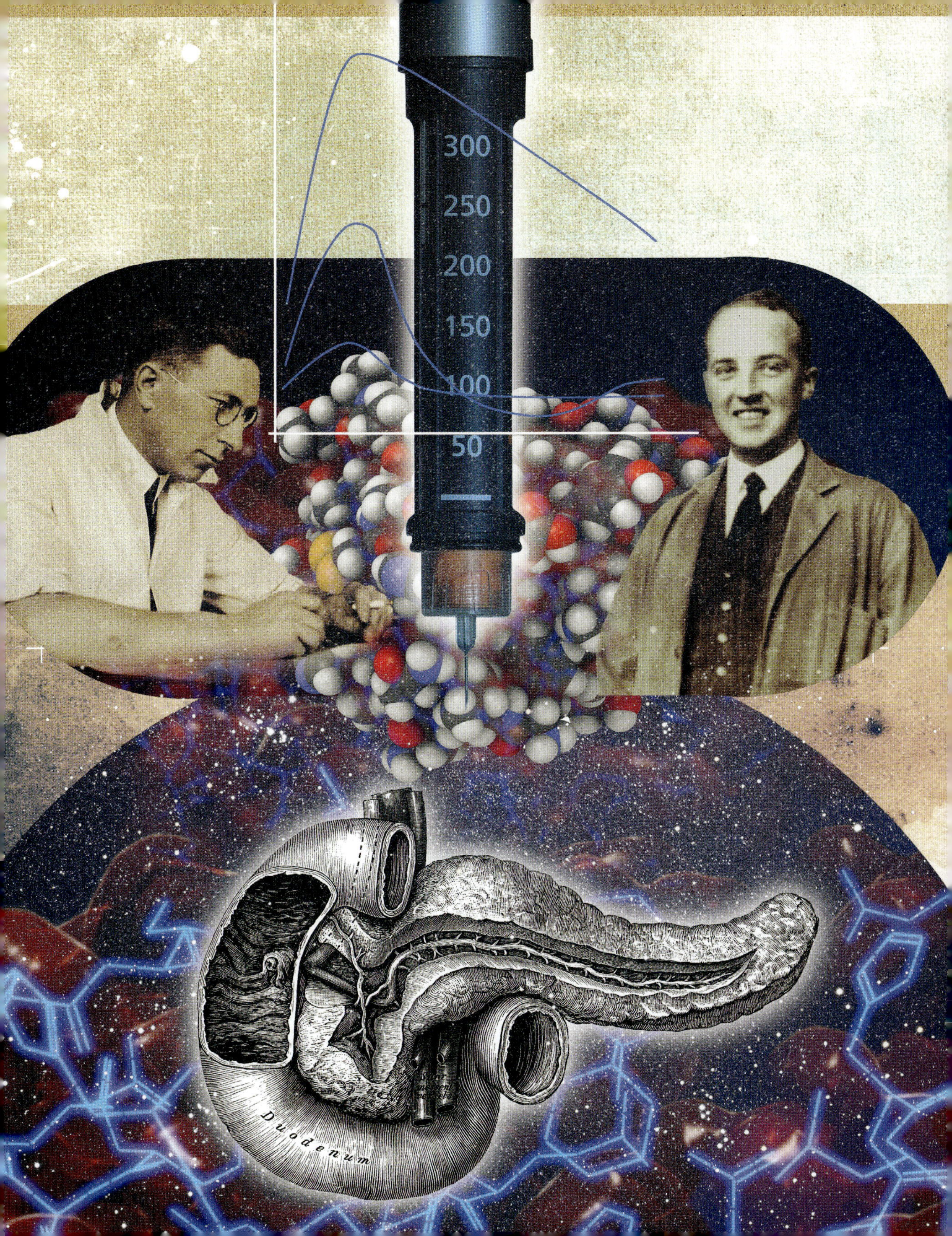
300
250
200
150
100
50
Duodenum

GEFÄSS-ERKRANKUNGEN

30 Sekunden Medizin

3-SEKUNDEN-DOSIS
Der Begriff »Gefäßerkrankungen« umfasst Krankheiten, die durch Entzündungen, Schwächung oder Fettablagerungen im Herzen oder in Blutgefäßen verursacht werden.

3-MINUTEN-KUR
Aneurysmen treten bei einer Schwächung der Arterien auf, sodass sich der Querschnitt dieser Schlagadern vergrößert. Als Aortenaneurysma wird die Aussackung der Hauptschlagader (Aorta) bezeichnet, die direkt aus dem Herzen entspringt. Zerebrale Aneurysmen betreffen die Arterien, die das Gehirn versorgen. Beide können tödlich enden.

Zu den Gefäßerkrankungen, die überall im Körper auftreten, gehören unter anderem koronare Herzkrankheit (KHK), periphere arterielle Verschlusskrankheit (pAVK), Schlaganfall, Aortenaneurysma, Karotisstenose, Lungenembolie, Reisethrombose (Flugthrombose) und Krampfadern. Eine KHK tritt auf, wenn der Zufluss von sauerstoffhaltigem Blut zum Herzen blockiert oder durch krankhafte Fettablagerungen (Atherosklerose) in der Wand der Herzkranzgefäße vermindert ist. Letzteres verursacht Brustschmerzen, bekannt als *Angina Pectoris*. Sind die Herzkranzgefäße völlig blockiert, kann es zu einem Myokardinfarkt (Herzinfarkt) kommen, ist der Blutfluss zum Gehirn eingeschränkt zu einem Schlaganfall (Hirnschlag). Eine umgehende Behandlung, beispielsweise mit Medikamenten, die Zellschäden infolge verminderter Zufuhr von sauerstoffreichem Blut minimieren, ist bei Gefäßerkrankungen von grundlegender Bedeutung. Zu den Risikofaktoren zählen ein erhöhter Cholesterinspiegel oder Blutdruck, mangelnde körperliche Aktivität, Diabetes, genetische Vorbelastung, Rauchen und Fettleibigkeit. Gefäßerkrankungen werden je nach ihrer Art unterschiedlich behandelt. Wirkung zeigt oft schon die Änderung des Lebensstils, einige Patienten müssen aber auch operiert werden, um verstopfte Gefäße wieder zu öffnen, andere erhalten Medikamente zur Linderung der Symptome. Schlaganfälle, Herzinfarkte, Thromben und Aneurysmen können in schweren Fällen bei nicht sofortiger Behandlung zum Tod führen.

VERWANDTE THEMEN
BYPASS & HERZSCHRITTMACHER
Seite 34

DAS HUMANGENOMPROJEKT (HGP)
Seite 36

BLUTTRANSFUSION & -SPENDE
Seite 82

GERINNUNGSHEMMER
Seite 148

3-SEKUNDEN-BIOGRAFIE
ANCEL BENJAMIN KEYS
1904–2004
US-Ernährungswissenschaftler, der die Zusammenhänge zwischen Ernährung und Gesundheit aufdeckte, insbesondere zwischen fettreicher Nahrung und Herzerkrankungen

30-SEKUNDEN-TEXT
Gabrielle M. Finn

Gefäßerkrankungen werden durch entzündete oder geschwächte Blutgefäße oder übermäßige Fettablagerung in diesen verursacht.

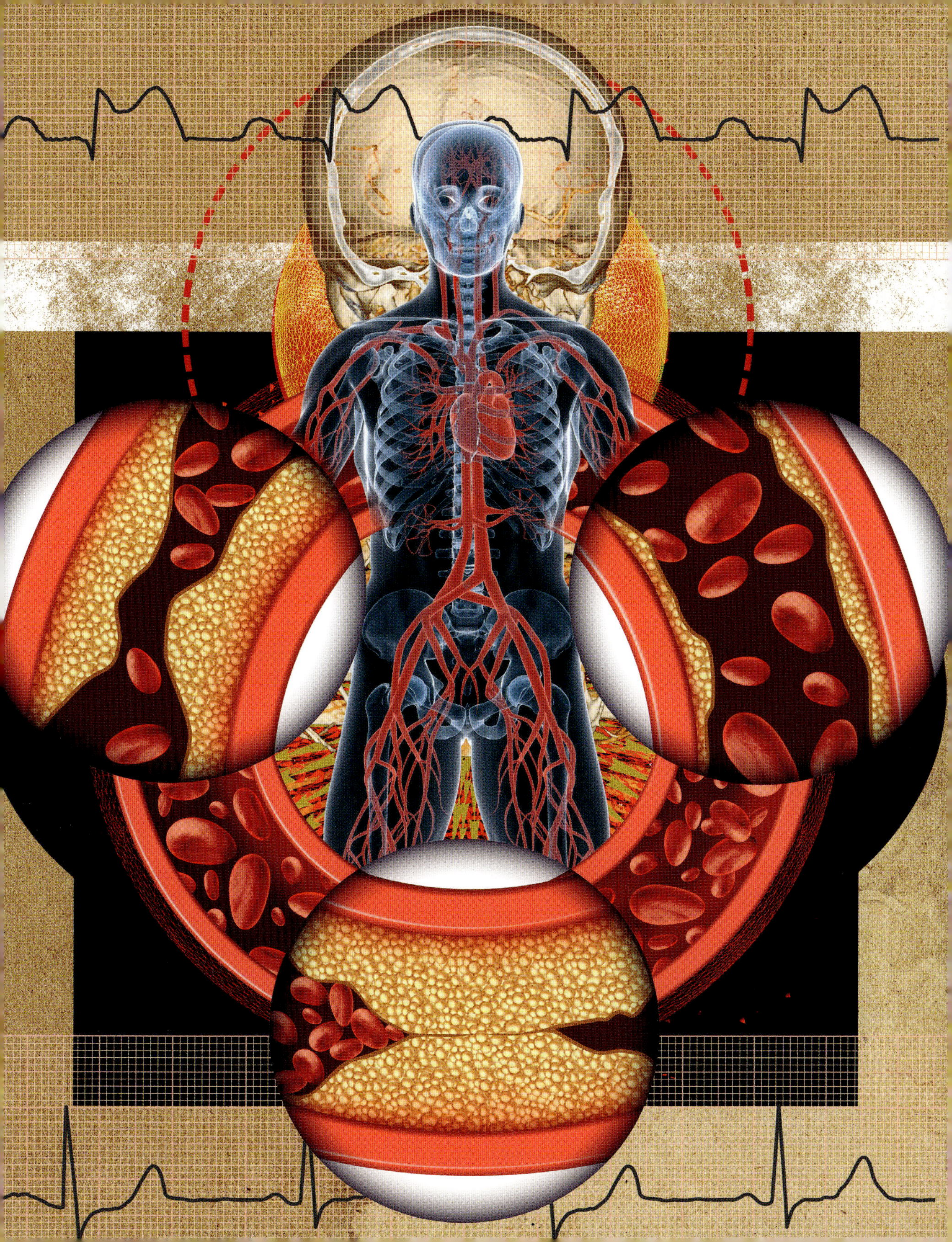

1821
Geburt an Weihnachten in Oxford, Massachusetts

1855
Umzug nach Washington, wo sie als erste weibliche Regierungsangestellte eine Stelle beim US-Patentamt antrat

1862
Pflege verwundeter Soldaten an der Front im Sezessionskrieg und Besorgung medizinischer Hilfsgüter

1869
Besuch in Genf, wo sie Louis Appia, einem Gründungsmitglied des Internationalen Roten Kreuzes begegnet

1870–1871
Hilfsaktion im Deutsch-Französischen Krieg mit Unterstützung des Internationalen Roten Kreuzes und der Großherzogin Luise von Baden

1881
Gründung des Amerikanischen Roten Kreuzes und dessen erste Präsidentin

1897
Reise nach Konstantinopel und Verhandlungen mit Sultan Abdülhamid II. über die Eröffnung der ersten Zentrale des Roten Kreuzes im Osmanischen Reich

1905
Gründung der Nationalen Erste-Hilfe-Organisation der USA und Ehrenvorsitzende für fünf Jahre

1912
Tod an Tuberkulose in ihrem Haus in Glen Echo, Maryland

CLARA BARTON

Die amerikanische Krankenschwester und Humanistin Clara Barton widmete ihr Leben ganz den Menschen in Not und gründete das Amerikanische Rote Kreuz. Ihre Leistungen sind umso bemerkenswerter angesichts ihres Geschlechts und der Zeit, in der sie lebte.

1821 in Massachusetts geboren, arbeitete Barton schon, als sie noch keine achtzehn war, als Lehrerin an Schulen in ihrer Heimat, in Georgia und in Kanada, bevor sie eine der ersten Schulen in New Jersey eröffnete. Aus Frustration darüber, dass das Schulamt auf einem Mann als Schulleiter bestand, trat Barton 1855 zurück und nahm eine Stelle beim US-Patentamt an. Sie war die erste weibliche Regierungsangestellte, wurde aber schon zwei Jahre später nach einem Regierungswechsel entlassen. 1861 kehrte sie ins Patentamt zurück und befand sich zu Beginn des Sezessionskriegs in Washington.

Zunächst leistete Barton den verletzten Soldaten von Washington aus Hilfe, indem sie sie mit dringend benötigten Lebensmitteln, Kleidung und Medizinbedarf versorgte. 1862 erhielt sie schließlich die Erlaubnis, an die Front zu reisen und sich dort um die Verwundeten zu kümmern. Ihre unermüdliche Arbeit unter gefährlichen Bedingungen in den nächsten drei Jahren brachte ihr den Namen »Engel des Schlachtfelds« ein.

1868 reiste Barton auf Anraten ihres Arztes nach Europa, wo sie in der Schweiz Louis Appia und die Tätigkeit des Internationalen Roten Kreuzes kennenlernte. Mit Unterstützung des Roten Kreuzes und der Großherzogin Luise von Baden organisierte sie eine Hilfsaktion zugunsten der im Deutsch-Französischen Krieg verwundeten Soldaten. Nach ihrer Rückkehr in die USA warb Barton um Unterstützung für die Gründung des Amerikanischen Roten Kreuzes. Mit ihrer Argumentation, eine solche Organisation werde nicht nur im Kriegsfall, sondern auch bei Naturkatastrophen benötigt, konnte sie Präsident Chester Arthur überzeugen. So erfolgte 1881 die Gründung des Amerikanischen Roten Kreuzes, dem die bei Antritt des Amtes sechzigjährige Barton über zwei Jahrzehnte lang vorstand.

1904 musste Barton aufgrund von Kritik an ihrem Finanzmanagement und auch aus Altersgründen als Präsidentin des Amerikanischen Roten Kreuzes zurücktreten. Sie setzte sich aber nicht etwa zur Ruhe, sondern gründete im folgenden Jahr die *National First Aid Association of America*. Ihre letzten Jahre verbrachte sie in ihrem Haus in Maryland, wo sie 1912 im Alter von 90 Jahren an Tuberkulose starb.

Philip Cox

KINDERLÄHMUNG

30 Sekunden Medizin

3-SEKUNDEN-DOSIS
Kinderlähmung (Poliomyelitis) ist eine infektiöse Viruserkrankung, die im schlimmsten Fall zu Lähmung und zum Tod führt. Wirksame Impfstoffe haben sie weltweit beinahe ausgerottet.

3-MINUTEN-KUR
Die Polio-Epidemien der Vierziger- und Fünfzigerjahre hatten tief greifende Auswirkungen auf Medizin und Gesellschaft. Der Platzbedarf der großen und teuren mechanischen Beatmungsgeräte (»Eiserne Lungen«) für Patienten mit Atemlähmung führte zur Gründung von Atemwegszentren, die als Vorläufer der heutigen Intensivstationen gelten. Außerdem brachte die große Zahl der Polioüberlebenden, die meist eine bleibende Lähmung davontrugen, wesentliche Fortschritte bei den sozialen und bürgerlichen Behindertenrechten mit sich.

1952 erlebten die USA die schlimmste Polioepidemie ihrer Geschichte. Die hochansteckende Kinderlähmung kannte man damals zwar schon seit Jahrtausenden, aber seit dem frühen 20. Jahrhundert war ein sprunghafter Anstieg der Fälle zu verzeichnen. Meist verläuft die Viruskrankheit mit nur wenigen oder gar keinen Symptomen, aber in einer kleinen Zahl von Fällen gelangt das Poliovirus in das zentrale Nervensystem, was zu Muskelschwäche und Lähmung führt. Falls Letztere die Atemmuskulatur betrifft, kann die Erkrankung tödlich enden. Bei der Polioepidemie von 1952 starben in den USA über 3000 Patienten, über 21 000 erlitten Lähmungen in geringerem oder größeren Maße. Da man die Dringlichkeit der Entwicklung eines Polioimpfstoffs erkannte, spendeten US-Bürger Millionen von Dollars für die medizinische Forschung. Schließlich kündigte Jonas Salk 1955 unter großem öffentlichem Beifall die Entwicklung eines wirksamen Totimpfstoffs (inaktivierte Polio-Vakzine, IPV) gegen Kinderlähmung an. Damit trug er mit Albert Sabin, der 1961 eine Schluckimpfung (orale Polio-Vakzine, OPV) in Form eines Lebendimpfstoffs entwickelte, zur Ausrottung der Kinderlähmung bei. Die Weltgesundheitsorganisation (WHO) verkündete 1988 den Start eines globalen Polio-Ausrottungsprogramms, sodass die Krankheit derzeit (2017) nur noch in zwei Ländern endemisch ist.

VERWANDTES THEMA
IMMUNISIERUNG
& IMPFUNG
Seite 70

3-SEKUNDEN-BIOGRAFIEN

BASIL O'CONNOR
1892–1972
Vorsitzender der *National Foundation for Infantile Paralysis*, der Jonas Salk bei der Entwicklung eines Polioimpfstoffs unterstützte

ALBERT SABIN
1906–1993
Aus Polen stammender amerikanischer Mediziner und Virologe, der die Schluckimpfung gegen Kinderlähmung und später auch Impfstoffe gegen Enzephalitis und das Denguefieber entwickelte

JONAS SALK
1914–1995
Amerikanischer Virologe, der den ersten Impfstoff gegen Polio entwickelte und 1960 das *Salk Institute for Biological Studies* gründete.

30-SEKUNDEN-TEXT
Philip Cox

Das Poliovirus kann ins Zentralnervensystem eindringen und Muskelschwäche sowie Lähmung hervorrufen.

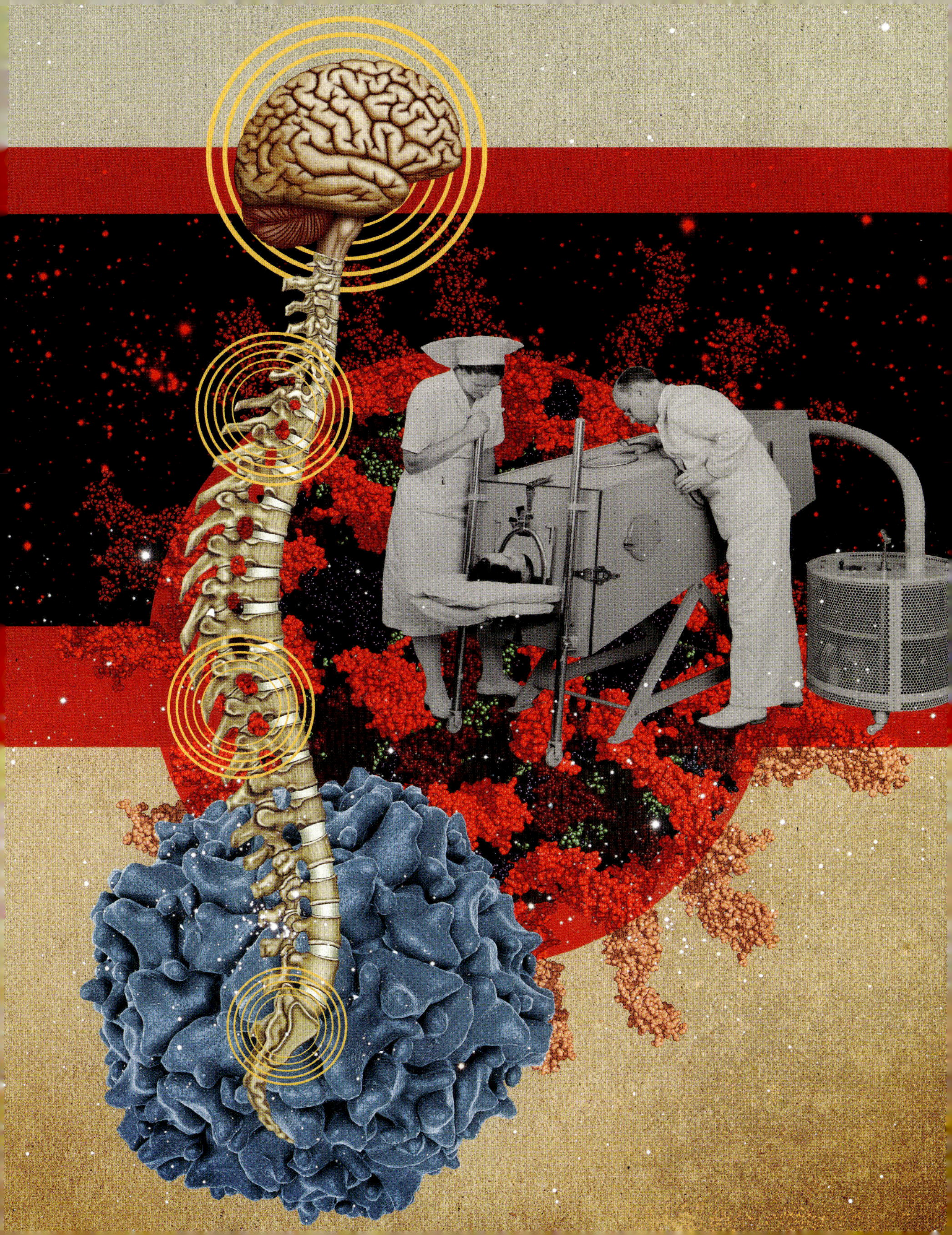

HUMANES IMMUN-DEFIZIENZ-VIRUS (HIV)

30 Sekunden Medizin

3-SEKUNDEN-DOSIS
Das Humane Immundefizienz-Virus (HIV) greift das Immunsystem des Körpers an und schwächt seine Fähigkeit, Infektionen und Krankheiten zu bekämpfen.

3-MINUTEN-KUR
HIV wird meist über Körperflüssigkeiten wie Blut, Muttermilch, Sperma, Vaginalsekret übertragen – am häufigsten durch ungeschützten Anal- und Vaginalverkehr über die Schleimhäute von Rektum und Vagina. Zu den häufigeren Ansteckungswegen gehören des Weiteren die Übertragung durch kontaminierte Spritzen beim intravenösen Drogenkonsum oder von einer HIV-positiven Mutter auf ihr Kind während Schwangerschaft, Geburt oder beim Stillen. Dagegen enthalten Urin, Schweiß und Speichel das Virus nicht in genügender Menge, um eine Ansteckung herbeizuführen.

Mit HIV steckt man sich durch den Kontakt mit dem Blut und einigen anderen Körperflüssigkeiten einer infizierten Person an. Das Virus dringt in Körperzellen ein und schädigt das Immunsystem mit der Zeit erheblich. Schließlich kann der Körper Infektionen nicht mehr abwehren. HIV befällt vor allem bestimmte T-Helferzellen (CD4+-Helferzellen), die für den Schutz des Körpers vor Viren, Bakterien und Keimen verantwortlich sind. Dort repliziert sich das HI-Virus Hunderte Male, worauf die Kopien die betreffende Zelle verlassen und sie dabei töten. Immer neue T-Helferzellen werden befallen und getötet, bis ihre Zahl ein Niveau erreicht, auf dem das Immunsystem seine Funktion nicht mehr erfüllen kann. Dies tritt nach etwa zehn Jahren ein, und der Infizierte fühlt sich bis zu diesem Zeitpunkt womöglich gesund (symptomfreie Latenzphase). Nun kommt es unter anderem zu schweren Infektionen, Gewichtsverlust und Hautausschlag. Diese spezifische Kombination von Symptomen wird als AIDS (*Acquired Immune Deficiency Syndrome*) bezeichnet. Ohne Behandlung kommt bei etwa der Hälfte der HIV-Patienten innerhalb von zehn Jahren AIDS zum Ausbruch. Zwar kann HIV bisher nicht geheilt werden, aber dank moderner Behandlungsmethoden leben Patienten viel länger und erkranken nicht an AIDS. Eine Postexpositionsprophylaxe (PEP) innerhalb von 72 Stunden nach dem Kontakt mit dem Virus kann die Infektion verhindern.

VERWANDTE THEMEN
DAS HUMANGENOMPROJEKT (HGP)
Seite 36

EMPFÄNGNISVERHÜTUNG
Seite 74

BLUTTRANSFUSION & -SPENDE
Seite 82

3-SEKUNDEN-BIOGRAFIE
LUC ANTOINE MONTAGNIER
1932–2021
Französischer Virologe, der das Humane Immundefizienz-Virus entdeckt hat. Er wurde 2008 mit dem Nobelpreis für Physiologie ausgezeichnet.

30-SEKUNDEN-TEXT
Gabrielle M. Finn

Das HI-Virus repliziert sich in T-Helfer-Zellen, schädigt das Immunsystem des Körpers und macht den Patienten anfällig für Krankheiten und Infektionen.

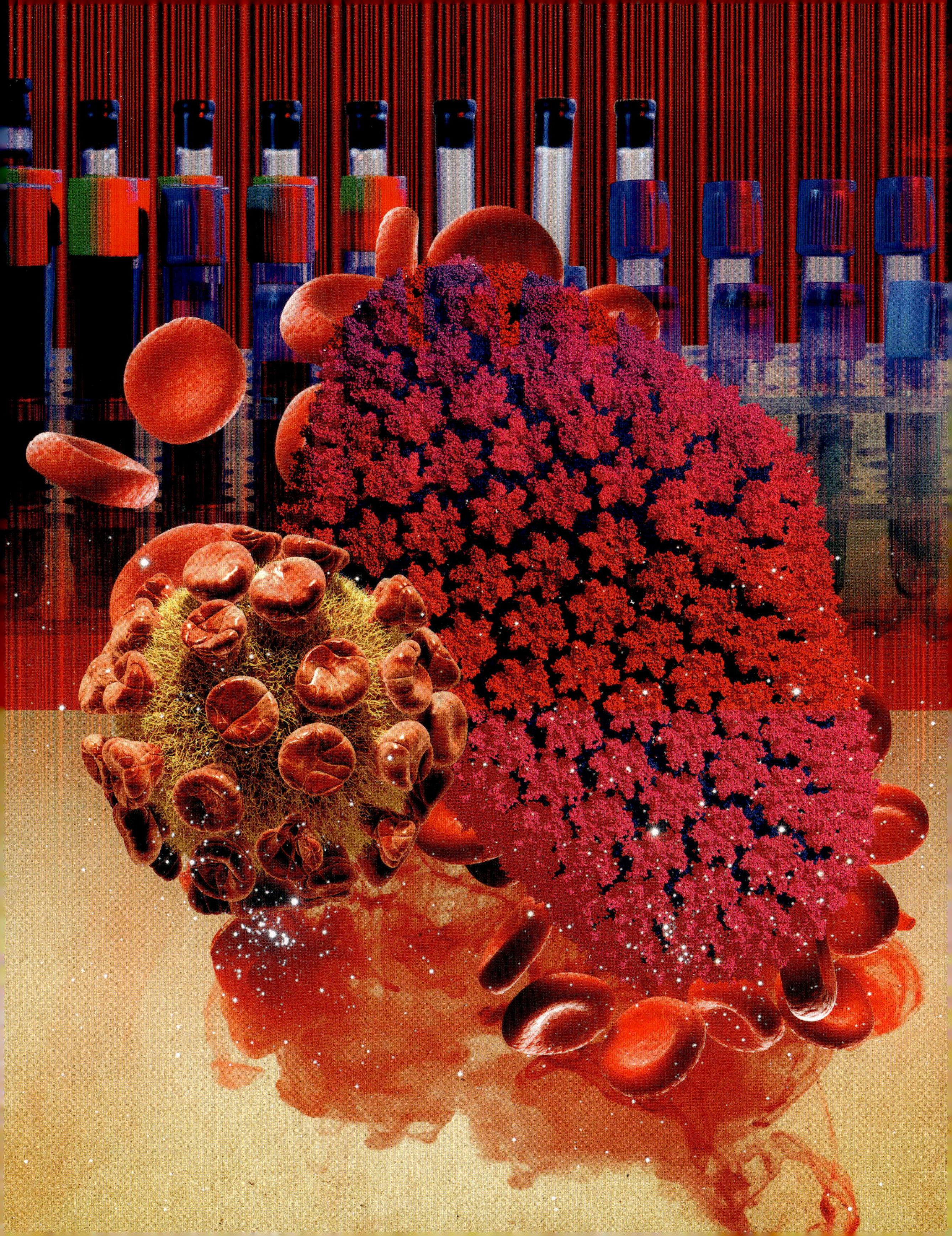

KREBS

30 Sekunden Medizin

3-SEKUNDEN-DOSIS
Bei Krebs vermehren sich abnorme Zellen unkontrolliert. Sie dringen in gesundes Körpergewebe ein und zerstören es.

3-MINUTEN-KUR
Krebs bildet sich typischerweise zuerst in einem bestimmten Teil des Körpers als Primärtumor, bevor er sich auf andere Bereiche ausbreitet. Der Prozess der Ausbreitung auf andere Gewebe wird als Metastasierung bezeichnet. Metastasen bilden sich aus Zellen, die sich von einem Krebstumor lösen und durch den Blutkreislauf oder durch Lymphgefäße in andere Körperregionen wandern.

Es gibt Hunderte Krebsarten.

Einige werden vererbt, bei anderen ist eine Genmutation im Laufe des Lebens für die Entstehung verantwortlich. In beiden Fällen replizieren sich abnormale Zellen und dringen ins Körpergewebe ein. Krebserkrankungen werden nach Zelltyp in Karzinome, Lymphome, Sarkome, Hirntumoren und Leukämien eingeteilt. Karzinome als häufigste Krebserkrankung bilden sich in Epithelzellen der Haut oder der Schleimhaut innerer Organe. Krebsarten, die vom Blut oder Knochenmark ausgehen, werden als Leukämien bezeichnet. Neben unerklärlichen Mutationen oder einer genetischen Veranlagung kommen als Ursache für Krebserkrankungen auch äußere Faktoren, beispielsweise schädliche Substanzen wie Tabak oder UV-Licht, die man als Karzinogene bezeichnet, infrage. Karzinogene verursachen nicht unmittelbar Krebs, aber eine wiederholte oder länger andauernde Exposition erhöht die Wahrscheinlichkeit einer Krebserkrankung. Für einige Krebsarten existieren wirksame Behandlungen wie Operation, Chemotherapie oder Strahlentherapie. Ihre Erfolgschancen hängen von einer ganzen Reihe von Faktoren ab, darunter Gesundheit und Alter des Patienten, Lage und Größe sowie Art des Tumors. Zu den häufigen Tumorherden gehören Lunge, Gehirn, Blase, Brust, Haut, Prostata und Darm.

VERWANDTE THEMEN
DAS HUMANGENOMPROJEKT (HGP)
Seite 36

KREBSBEHANDLUNG
Seite 72

STRAHLENTHERAPEUT
Seite 122

3-SEKUNDEN-BIOGRAFIE
MARIE SKŁODOWSKA CURIE
1867–1934
Polnisch-französische Physikerin und Chemikerin, die bei der Erforschung der später für die Krebsbehandlung wichtigen Radioaktivität Pionierarbeit leistete und 1911 mit dem Nobelpreis für Chemie ausgezeichnet wurde

30-SEKUNDEN-TEXT
Gabrielle M. Finn

Krebszellen breiten sich auf gesundes Gewebe im Körper aus und zerstören dessen Zellen. Aus Marie Curies Untersuchungen zur Radioaktivität ging hervor, dass Strahlung Krebszellen zerstört.

MUKOVISZIDOSE

30 Sekunden Medizin

3-SEKUNDEN-DOSIS
Die Mukoviszidose ist eine Erbkrankheit und wird durch ein defektes CFTR-Gen verursacht, das für die Bildung eines Proteins verantwortlich ist, das für die Entfernung von Salz und Wasser aus Zellen sorgt.

3-MINUTEN-KUR
Zurzeit wird die Gentherapie als mögliche Heilungsmethode bei Mukoviszidose erprobt. Forscher haben die Einbringung einer normalen Kopie des CFTR-Gens in betroffene Zellen getestet. Es ist zu hoffen, dass dies zur Produktion von funktionellem CFTR in allen Zielzellen und damit zur Wiederherstellung der Funktionalität des Gens und Proteins bei Patienten führen wird.

Mukoviszidose, auch zystische Fibrose (ZF) genannt, ist eine Erbkrankheit. Erbt jemand das Gen von einem Elternteil, wird er nicht unbedingt zum Überträger, bei zwei Elternteilen hingegen schon. Im Gegensatz zu vielen anderen Krankheiten wird CF nicht durch Körperflüssigkeiten übertragen. In vielen Ländern wird Neugeborenen eine Blutprobe, meist aus der Ferse, entnommen, um sie auf diese Krankheit hin zu testen. Die Symptome der Mukoviszidose unterscheiden sich von Patient zu Patient oft stark, denn sie kann sich auf zahlreiche Systeme des Körpers auswirken, darunter Atmungs-, Verdauungs- und Fortpflanzungstrakt. In der Lunge und im Verdauungstrakt führt der Gendefekt zur Ansammlung von dickem Schleim, sodass den Erkrankten das Atmen bzw. Verdauen schwerfällt. Im Schleim finden Bakterien einen idealen Nährboden, sodass der Patient immer wieder Infektionen erleidet. Mangelernährung kann zu spröden Knochen führen, während zähflüssige Sekrete die Fortpflanzungsorgane blockieren. Mukoviszidose ist noch immer unheilbar, aber moderne Behandlungsmethoden haben die Lebenserwartung deutlich erhöht. Infektionen werden mit Antibiotika bekämpft, während Physiotherapie den zähen Schleim in Bewegung bringt und seine Ablagerung verhindert. Bei einigen Patienten kommt auch eine Organtransplantation zum Einsatz. Früher starben die Mukoviszidose-Patienten schon in der Kindheit, heute beträgt die mittlere Lebenswartung etwa vierzig Jahre.

VERWANDTE THEMEN
ORGANSPENDE & -TRANSPLANTATION
Seite 30

DAS HUMANGENOMPROJEKT (HGP)
Seite 36

ANTIBIOTIKA
Seite 76

PHYSIOTHERAPEUT
Seite 116

3-SEKUNDEN-BIOGRAFIE
DOROTHY ANDERSEN
1901–1963
Amerikanische Ärztin, die Mukoviszidose erstmals beschrieb

30-SEKUNDEN-TEXT
Gabrielle M. Finn

Mukoviszidose ist eine Erbkrankheit, bei der sich dicker Schleim in Lunge und Verdauungstrakt ansammelt. Wenn beide Elternteile das CF-Gen tragen, erkrankt ihr Kind mit einer 25-prozentigen Wahrscheinlichkeit.

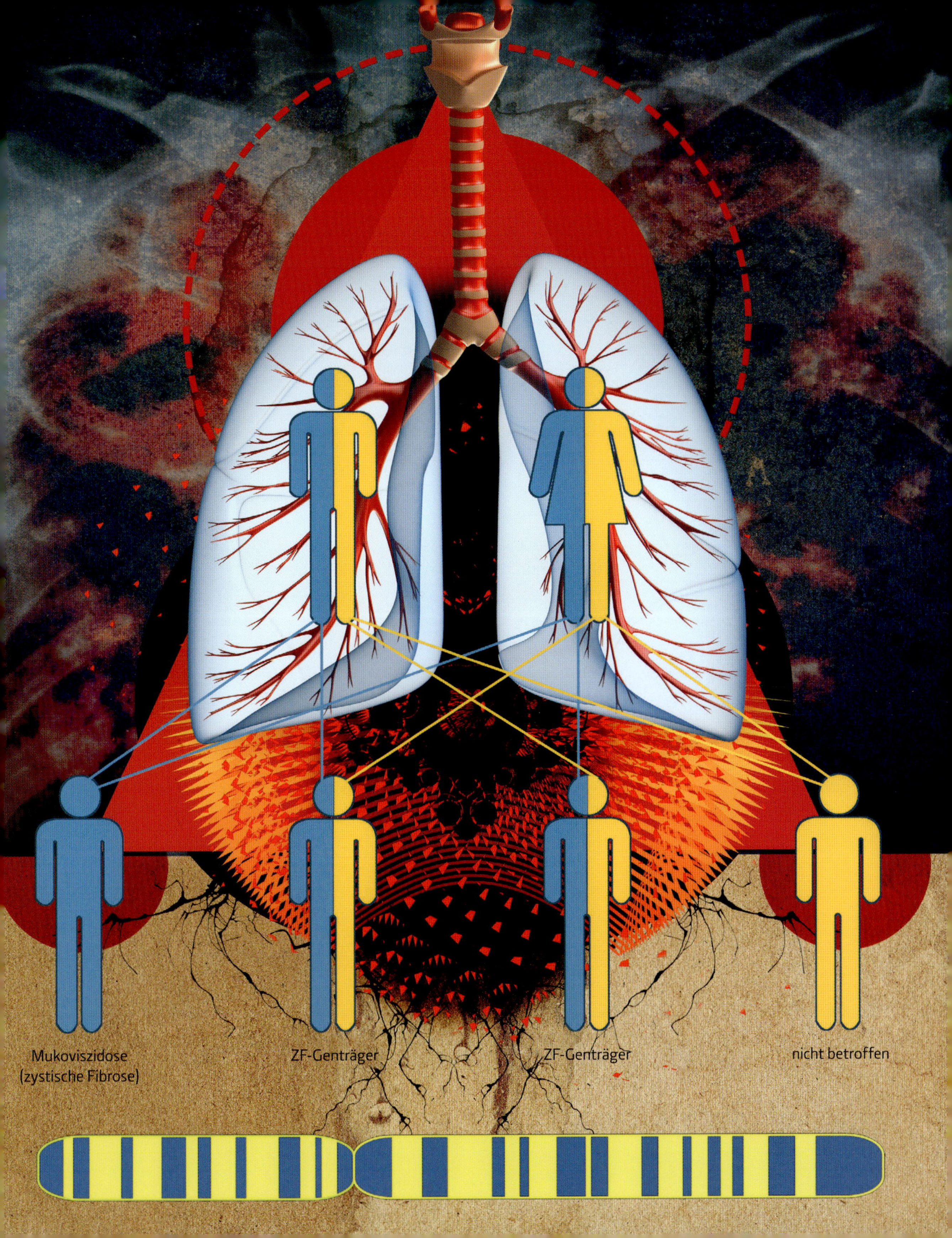

Mukoviszidose
(zystische Fibrose)
ZF-Genträger
ZF-Genträger
nicht betroffen

EBOLAFIEBER

30 Sekunden Medizin

3-SEKUNDEN-DOSIS
Das Ebolafieber, kurz Ebola, offiziell Ebola-Virus-Krankheit, ist eine durch das Ebolavirus hervorgerufene Krankheit.

3-MINUTEN-KUR
Der erste dokumentierte Ebola-Ausbruch fand 1976 im Süden des Sudans und im Norden von Zaire (heute Demokratische Republik Kongo) statt. Auch die weiteren Ausbrüche bis zur Gegenwart betrafen vor allem afrikanische Länder. Die bisher größte dokumentierte Epidemie, deren erste Fälle im März 2014 in Westafrika auftraten, forderte mindestens 11 312 Menschenleben.

Das 1976 entdeckte Ebolavirus ruft eine oft tödlich endende Infektionskrankheit hervor, mit der man sich durch Kontakt mit Körperflüssigkeiten wie Blut, Urin und Sperma oder Organen eines Infizierten ansteckt. Zu den ersten Symptomen gehören Fieber, Kopfschmerzen, Halsschmerzen, ausgeprägte Muskelschwäche sowie Gelenk- und Muskelschmerzen. Später folgen Erbrechen, Ausschlag und Durchfall sowie häufig auch innere und/oder äußere Blutungen. Das Blut tritt dabei aus Nase, Mund, Augen sowie aus dem Darm (Blut im Stuhl) aus. Diese Symptome tauchen oft plötzlich, meist nach zwei Tagen bis drei Wochen nach der Ansteckung auf. Patienten werden infektiös, sobald die ersten Symptome auftreten. Eine Ebola-Erkrankung ist verbunden mit einer Dehydrierung und niedrigem Blutdruck infolge Flüssigkeitsverlusts und endet nicht selten mit dem Tod durch multiples Organversagen. Aufgrund der hohen Ansteckungsgefahr müssen Patienten isoliert und in Schutzkleidung versorgt werden. Die Behandlung besteht in einer symptomatischen Therapie mit fiebersenkenden Maßnahmen, Flüssigkeitsausgleich und Palliativmedizin für Todkranke. 2015 wurde eine mögliche Behandlungsmethode namens ZMapp experimentell getestet. Erste Forschungsergebnisse aus Tierversuchen hatten zuvor eine vielversprechende Verbesserung von Ebolafieber im fortgeschrittenen Stadium gezeigt. Seit mehreren Jahren wird auch an Impfstoffen gearbeitet.

VERWANDTES THEMA
IMMUNITÄT & IMPFUNG
Seite 70

3-SEKUNDEN-BIOGRAFIE
PETER PIOT
geb. 1949
Belgischer Arzt und Mikrobiologe, der 1976 das Ebolavirus mitentdeckte

30-SEKUNDEN-TEXT
Gabrielle M. Finn

Das Ebolavirus verursachte in Afrika mehrere Ausbrüche des Ebolafiebers, einer schweren und hochansteckenden Krankheit.

BERUFSBILDER IM GESUNDHEITSWESEN

BERUFSBILDER IM GESUNDHEITSWESEN
GLOSSAR

Forceps Fachbegriff für medizinische Zangen, darunter Tupferzange, Nabelschnurzange und Geburtszange.

Geriatrie Lehre von den Krankheiten des alternden Menschen. In Deutschland können Ärzte bestimmter Fachrichtungen eine Zusatzweiterbildung in Geriatrie absolvieren, in anderen Ländern gibt es eigene Fachärzte für Geriatrie.

Hydrotherapie (Wasserheilkunde) Methodische Anwendung von Wasser (heiß, kalt sowie in Form von Dampf oder Eis), um Beschwerden zu lindern und die Beweglichkeit zu fördern. Oft findet die Hydrotherapie in einem großen Wasserbecken statt. Mit dieser Methode lassen sich Symptome von Erkrankungen wie Arthritis lindern.

Manuelle Therapie Behebung von Funktionsstörungen des Bewegungsapparats, Schmerzlinderung, Förderung des allgemeinen Wohlbefindens oder Herbeiführung von Entspannung durch geschickte Handgriffe.

Medizinisch-technischer Assistent Sammelbezeichnung für vier Berufsbilder, davon drei in der Humanmedizin: Medizinisch-technische Assistenten für Funktionsdiagnostik (MTAF) untersuchen Patienten nach ärztlichen Anweisungen mithilfe medizinischer Geräte; medizinisch-technische Laboratoriumsassistenten führen Laboruntersuchungen durch; medizinisch-technische Radiologieassistenten sind in den Bereichen Röntgendiagnostik (Computertomografie, Magnetresonanztomografie, Röntgen, DSA) Strahlentherapie, Nuklearmedizin und Dosimetrie tätig.

Notaufnahme Anlaufstelle im Krankenhaus zur Akutversorgung. Es werden nur Notfälle behandelt. Normalerweise rund um die Uhr geöffnet.

Onkologe Facharzt, der nach der entsprechenden Diagnose für die Behandlung von Krebskranken zuständig ist.

Orthopädie Medizinisches Fachgebiet, das sich mit Fehlbildungen und Erkrankungen des Stütz- und Bewegungsapparats und deren Behandlung sowie Vorbeugung befasst.

Pädiatrie (Kinderheilkunde) Medizinisches Fachgebiet, das sich mit der Entwicklung und Erkrankungen von Kindern und Jugendlichen und deren Behandlung sowie Vorbeugung befasst.

Primärversorgung (medizinische Grundversorgung) Wird in der Regel durch Hausärzte, der ersten Anlaufstelle für Patienten, geleistet. Bei Befindlichkeitsstörungen, Bagatellerkrankungen und verbreiteten Allgemeinerkrankungen finden Diagnose und Therapie meist hier statt.

Strahlung Energie in Form einer Welle oder eines Teilchens, die von einer Quelle stammt und sich in einem Material oder im Raum ausbreitet. Licht, Wärme und Schall sind Arten von Strahlung.

Vakuumextraktor (Saugglocke) Medizinisches Instrument, das auf dem Kopf eines Babys aufgesetzt wird, um die Geburt zu beschleunigen. Umgangssprachlich wird die Vakuumextraktion auch als Saugglockenentbindung bezeichnet.

Weichteilgewebe Gewebe im Körper wie Sehnen, Bänder, Haut, Fett, Bindegewebe, Muskeln, Nerven und Blutgefäße.

PHYSIOTHERAPEUT

30 Sekunden Medizin

3-SEKUNDEN-DOSIS
Physiotherapeuten versuchen durch manuelle Therapie und Beratung die körperliche Funktionsfähigkeit ihrer Patienten wiederherzustellen.

3-MINUTEN-KUR
Physiotherapeuten können selbstständig oder in Zusammenarbeit mit Ärzten arbeiten. Patienten bedürfen keiner Überweisung durch den Hausarzt. In Deutschland ist bisher eine nicht akademische Ausbildung die Regel, aber auch hier wird diese, wie in Österreich und der Schweiz schon der Fall, an die Fachhochschulen verlagert.
In vielen Ländern müssen sich Physiotherapeuten zudem bei einer staatlichen Stelle registrieren und auch nachweisen, dass sie ihre Fähigkeiten und Kenntnisse jährlich auf den neuesten Stand bringen (Fort- und Weiterbildung).

Die Geschichte der Physiotherapie beginnt schon um 460 v. Chr., als Ärzte wie Hippokrates bereits Elemente der manuellen Therapie bei der Behandlung anwandten. Der Beruf des Physiotherapeuten wurde jedoch erst im 18 Jahrhundert in einigen Ländern offiziell anerkannt. Physiotherapeuten helfen Menschen jeden Alters mit Verletzungen, Krankheiten oder Behinderungen, denn sie sind geschult in der Diagnose, Behandlung und Vorbeugung eines breiten Spektrums gesundheitlicher Probleme mithilfe von Techniken, deren Wirksamkeit erprobt ist. Dazu gehören insbesondere manuelle und Bewegungstherapie, die der Physiotherapeut bei Erkrankungen des Stütz- und Bewegungsapparats (unter anderem Knochen, Gelenke, Sehnen, Bandscheiben), des Nervensystems, des Herz-Kreislauf-Systems, der Atmungsorgane und weiterer Körpersysteme zur Anwendung bringt. Zu den häufig von Physiotherapeuten behandelten Erkrankungen gehören Asthma, Rückenschmerzen, infantile Zerebralparese, Osteoporose und chronisch obstruktive Lungenerkrankungen. Diese gesundheitlichen Probleme können von Geburt an vorhanden, die Folge eines Unfalls oder einer Verletzung sein oder sich im Laufe der Zeit entwickelt haben. Beispiele für gängige Behandlungsmethoden von Physiotherapeuten sind Weichteilmobilisation (speziell Dehnung), Hydrotherapie und Gelenkmanipulation.

VERWANDTE THEMEN
KÜNSTLICHE GLIEDMASSEN
Seite 62

PFLEGEFACHLEUTE
Seite 118

ARZT
Seite 120

30-SEKUNDEN-TEXT
Larissa Nelson

Physiotherapeuten behandeln mit manuellen Methoden Erkrankungen und arbeiten Trainingsprogramme für ihre Patienten aus, um ihre Beweglichkeit zu verbessern und die Muskeln zu stärken.

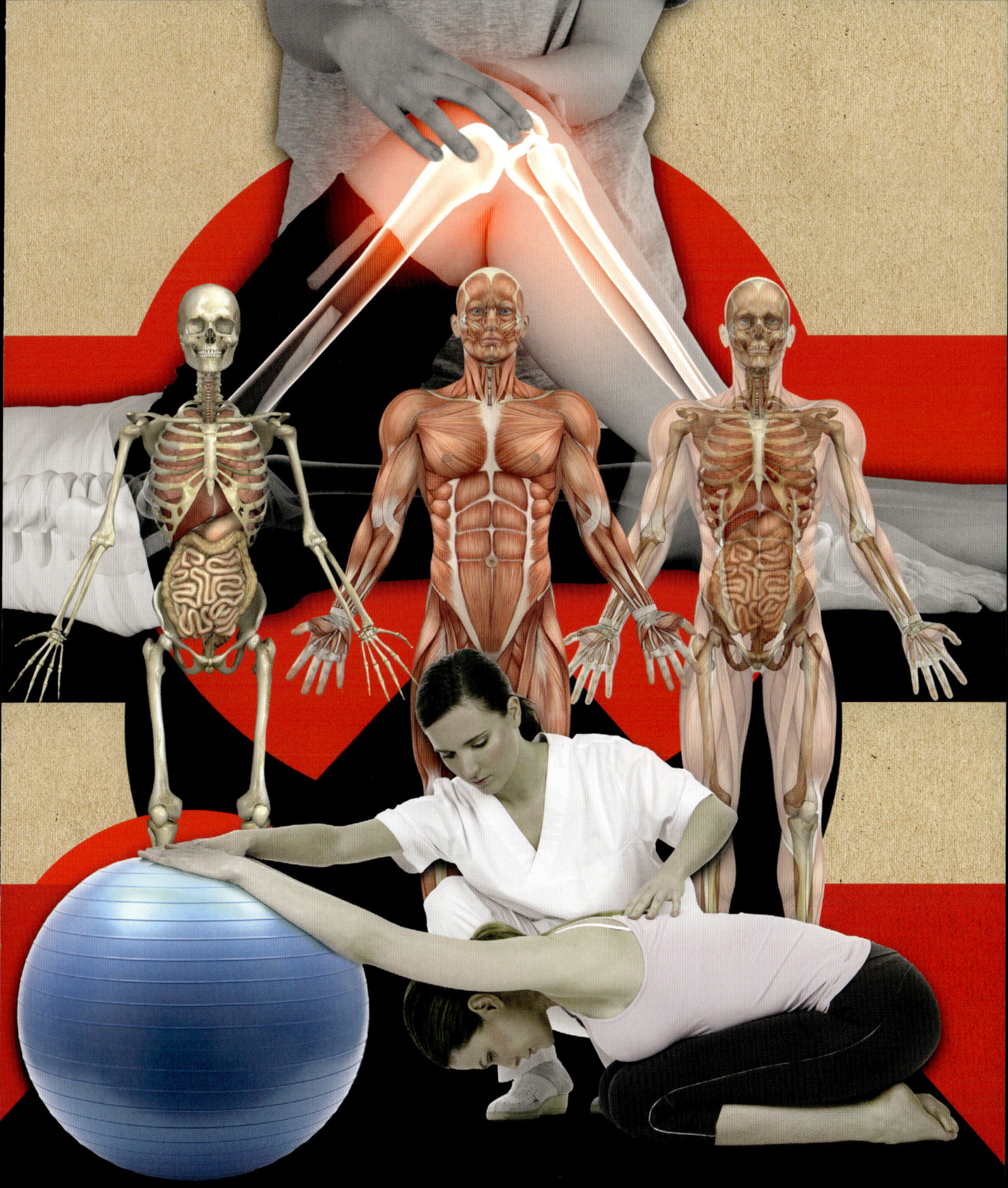

PFLEGEFACHLEUTE

30 Sekunden Medizin

3-SEKUNDEN-DOSIS
Krankenschwestern und -pfleger stellen als gut ausgebildete Fachkräfte die Betreuung von Erkrankten jeden Alters und sozialen Hintergrunds sicher.

3-MINUTEN-KUR
Die Arbeit der Pflegefachleute kann sehr vielfältig sein. Man findet sie nicht nur im Pflegebereich, wo sie ihre Patienten mit viel Engagement umsorgen, sondern auch in der Förderung von Gesundheit und eines sicheren Umfelds sowie der Krankheitsprävention. Sie trugen mitunter auch zu einer Neuorientierung der Gesundheitspolitik bei. Erfahrene Pflegefachleute haben auch das Potenzial zur Mitarbeit in Forschung und Ausbildung.

Krankenschwestern und -pfleger verbinden Pflege mit medizinischen Kenntnissen und klinischen Fertigkeiten. Sie unterstützen Patienten bei Aktivitäten, die ihre Gesundheit fördern, und sind im Umgang mit Behinderten und Kranken ausgebildet. Pflegefachleute arbeiten oft im Team mit Angehörigen anderer Gesundheitsberufe, sind aber der wichtigste Ansprechpartner für die Patienten. Ihre Rolle unterscheidet sich je nach Spezialisierung und Arbeitsumfeld stark. So arbeitet eine Krankenschwester in der Notaufnahme in einem meist stressigen, schnelllebigen Umfeld, in dem die Stabilisierung der Patienten Vorrang hat. Ganz anders ein Krankenpfleger, der mit Menschen mit einer Behinderung arbeitet und sich darum bemüht, das Wohlbefinden und die soziale Integration seiner Patienten zu verbessern. In Deutschland sind eine Berufsausbildung und eine entsprechende Berufserlaubnis erforderlich, in Österreich und der Schweiz, wo die Berufsbezeichnung wie ab 2020 auch in Deutschland Pflegefachfrau/-mann lautet, existieren dafür Studiengänge an Fachhochschulen. Einsatzgebiete sind beispielsweise die chirurgische Krankenpflege, Kinder-, und Behindertenpflege. Pflegefachleute arbeiten in Krankenhäusern, Gesundheitszentren, Arztpraxen, aber auch in Schulen, Seniorenheimen, Gefängnissen und auch auf Kreuzfahrtschiffen.

VERWANDTE THEMEN
FLORENCE NIGHTINGALE
Seite 124

MEDIZINISCHE FACHANGESTELLTE
Seite 126

HEBAMME
Seite 130

3-SEKUNDEN-BIOGRAFIEN
CLAIRE BERTSCHINGER
geb. 1953
Britische Krankenschwester, die durch ihre Arbeit im Rahmen IKRK-Kampagne gegen die Hungersnot in Äthiopien bekannt und dafür 1991 mit der Florence-Nightingale-Medaille ausgezeichnet wurde

WILLIAM POOLEY
geb. 1985
Britischer Krankenpfleger, der sich während seiner Arbeit in Westafrika bei der Bekämpfung des Ebolafiebers infizierte und dafür einen Orden erhielt

30-SEKUNDEN-TEXT
Larissa Nelson

Pflegefachleute betreuen Patienten und unterstützen Ärzte in vielen Bereichen des Gesundheitswesens.

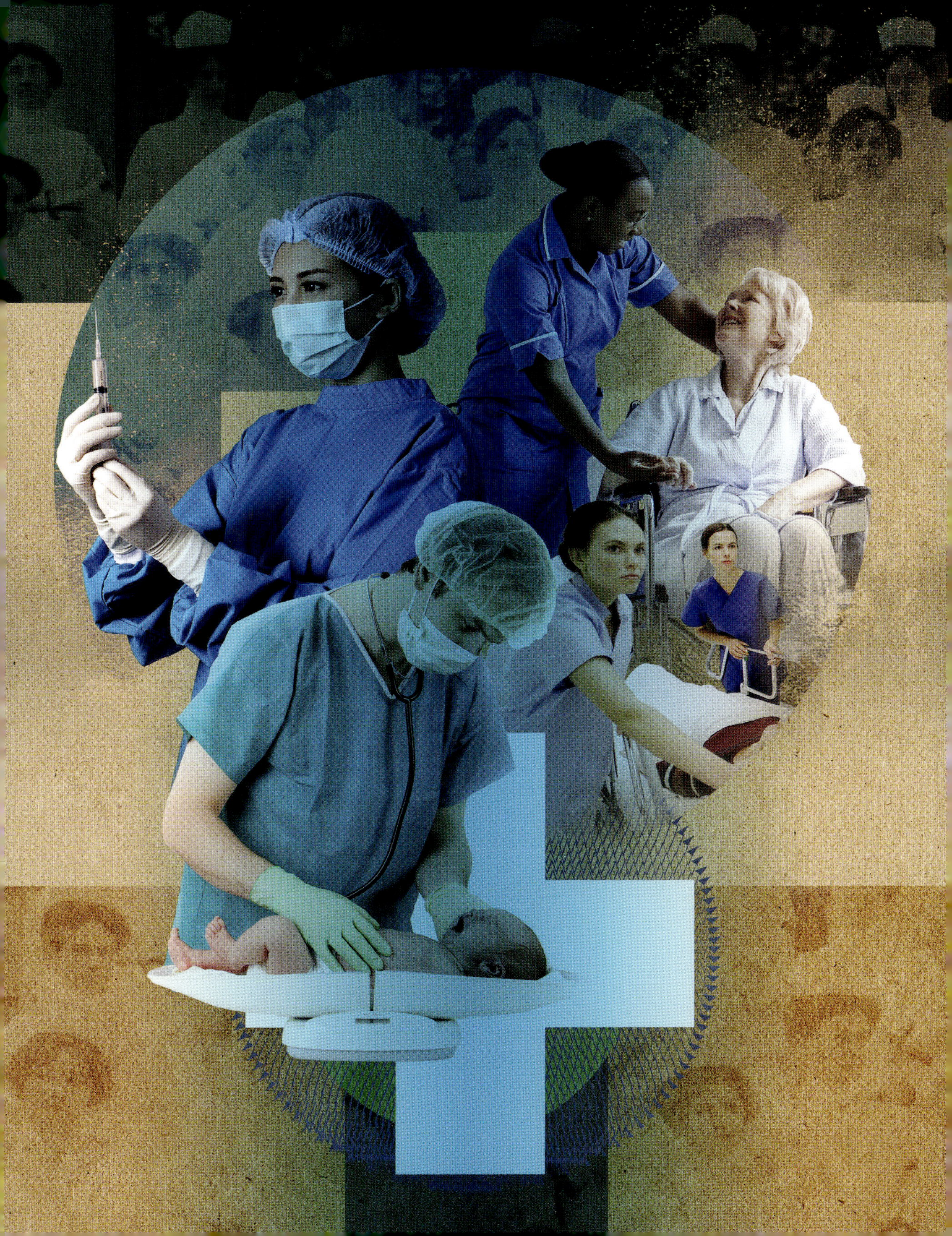

ARZT

30 Sekunden Medizin

3-SEKUNDEN-DOSIS
Ärzte sind universitär ausgebildete medizinische Fachleute, die sich umfassend um ihre Patienten kümmern und ihre Gesundheit fördern.

3-MINUTEN-KUR
Ein Universitätsabschluss in Medizin und eine umfassende klinische Ausbildung sind Voraussetzung für die Ausübung des Arztberufs. Allerdings reichen intellektuelle Fähigkeiten dafür nicht aus. Für die bestmögliche Betreuung der Patienten benötigen Ärzte viele weitere Eigenschaften wie Engagement, Fürsorge und Mitgefühl. Sie müssen sich bei ihrem Handeln von Integrität und Respekt leiten lassen und alle Informationen in Verbindung mit ihren Patienten vertraulich behandeln. Nicht fehlen dürfen bei einem guten Arzt auch Kompetenz und Interesse am Umgang mit Menschen.

Ärzte untersuchen Patienten mit Erkrankungen, Verletzungen oder anderen Beschwerden, stellen eine Diagnose und führen eine entsprechende Behandlung durch. Man könnte sie im Verbund mit den Krankenschwestern als Rückgrat des Gesundheitssystems bezeichnen. Ärzte arbeiten in der Regel mit Vertretern anderer Gesundheitsberufe im Team und stellen auf der Grundlage ihrer wissenschaftlichen Kenntnisse und ihres klinischen Urteilsvermögens eine effiziente Patientenversorgung sicher. Sie müssen über die Fähigkeit zur kritischen Reflexion neuer medizinischer Erkenntnisse und Entscheidungsfreude sowie Sicherheit im Umgang mit Unwägbarkeiten und komplexen Problemen verfügen. Die tägliche Arbeit von Fachärzten in Krankenhäusern konzentriert sich auf ihr Fachgebiet wie Notfallmedizin, Chirurgie, Traumatologie, Orthopädie, Pädiatrie oder Psychiatrie und unterscheidet sich somit stark von der eines Hausarztes. Dieser stellt die medizinische Grundversorgung der Bevölkerung sicher, und seine Tätigkeit ist von einer großen Vielfalt geprägt, denn die Patienten wenden sich mit allen möglichen Beschwerden an ihn. Hausärzte machen, falls angezeigt, auch Hausbesuche. Sie verschreiben Medikamente und arbeiten einen Behandlungsplan aus. Bei Bedarf überweisen sie die Patienten an Fachärzte.

VERWANDTE THEMEN
JOSEPH LISTER
Seite 38

PFLEGEFACHLEUTE
Seite 118

MEDIZINISCHE FACHANGESTELLTE
Seite 126

3-SEKUNDEN-BIOGRAFIE
EDWARD JENNER
1749–1823
Englischer Arzt, der die Pockenimpfung entwickelte und damit vermutlich mehr Leben gerettet hat als jeder andere Mediziner

30-SEKUNDEN-TEXT
Larissa Nelson

Ob Fach- oder Hausarzt – ihre Aufgaben umfassen Untersuchung, Diagnose und Behandlung der Patienten.

STRAHLEN-THERAPEUT

30 Sekunden Medizin

Bei einer Strahlentherapie arbeiten die Fachärzte in einem multidisziplinären Team mit Onkologen, medizinisch-technischen Assistenten und Hilfspersonal zusammen. Da bei Krebs nicht selten bestrahlt wird, kennen sich die Strahlentherapeuten auch in onkologischen und psychosozialen Fragen rund um die Krebsbehandlung aus. Eine Strahlentherapie kann auch bei anderen Erkrankungen wie gutartige Tumoren oder Schilddrüsenerkrankungen zum Einsatz kommen. Der Facharzt berechnet dabei die geeigneten Strahlendosen und führt die Behandlung mit innovativen Technologien durch, wobei Strahlentherapeuten die kontinuierlichen Fortschritte auf ihrem Gebiet im Auge behalten. Die Strahlentherapie kann extern (von außerhalb des Körpers) oder intern (innerhalb des Körpers) erfolgen. Die äußere Strahlentherapie bestrahlt ein bestimmtes Zielgebiet, schädigt die DNA von Zellen und lässt diese absterben – dies betrifft unerfreulicherweise nicht nur die Krebszellen, sondern auch nahe gelegene gesunde Zellen. Bei der inneren Strahlentherapie wird eine kleine Menge eines radioaktiven Materials in die Nähe des Zielortes im Körper gebracht. Der Strahlentherapeut ist für die Präzision der Behandlung sowie für die Überwachung des Zustands des Patienten während des gesamten Prozesses verantwortlich.

3-SEKUNDEN-DOSIS

Der Strahlentherapeut ist ein Facharzt, der Behandlungen mit ionisierender Strahlung durchführt.

3-MINUTEN-KUR

Fachärzte für Strahlentherapie absolvieren nach dem Studium der Medizin und der Zulassung als Arzt eine Weiterbildung auf dem entsprechenden Gebiet. Sie können sich auch auf bestimmte Technologien oder die Behandlung bestimmter Krebsarten oder Patientengruppen spezialisieren. Strahlentherapeuten nehmen nicht selten an der klinischen Forschung teil, indem sie die Effektivität von Technologien oder Behandlungsmethoden evaluieren.

VERWANDTE THEMEN

MAGNETRESONANZ-TOMOGRAFIE (MRT)
Seite 54

KREBSBEHANDLUNG
Seite 72

KREBS
Seite 106

3-SEKUNDEN-BIOGRAFIE

LEOPOLD FREUND
1868–1943
Österreichischer Radiologe und Professor für medizinische Radiologie in Wien, der als Begründer der Strahlentherapie gilt; er gehörte zu den Ersten, die Röntgenstrahlung zu therapeutischen Zwecken einsetzten

30-SEKUNDEN-TEXT

Larissa Nelson

Strahlentherapeuten führen Behandlungen mit ionisierender Strahlung, insbesondere bei Krebspatienten, durch.

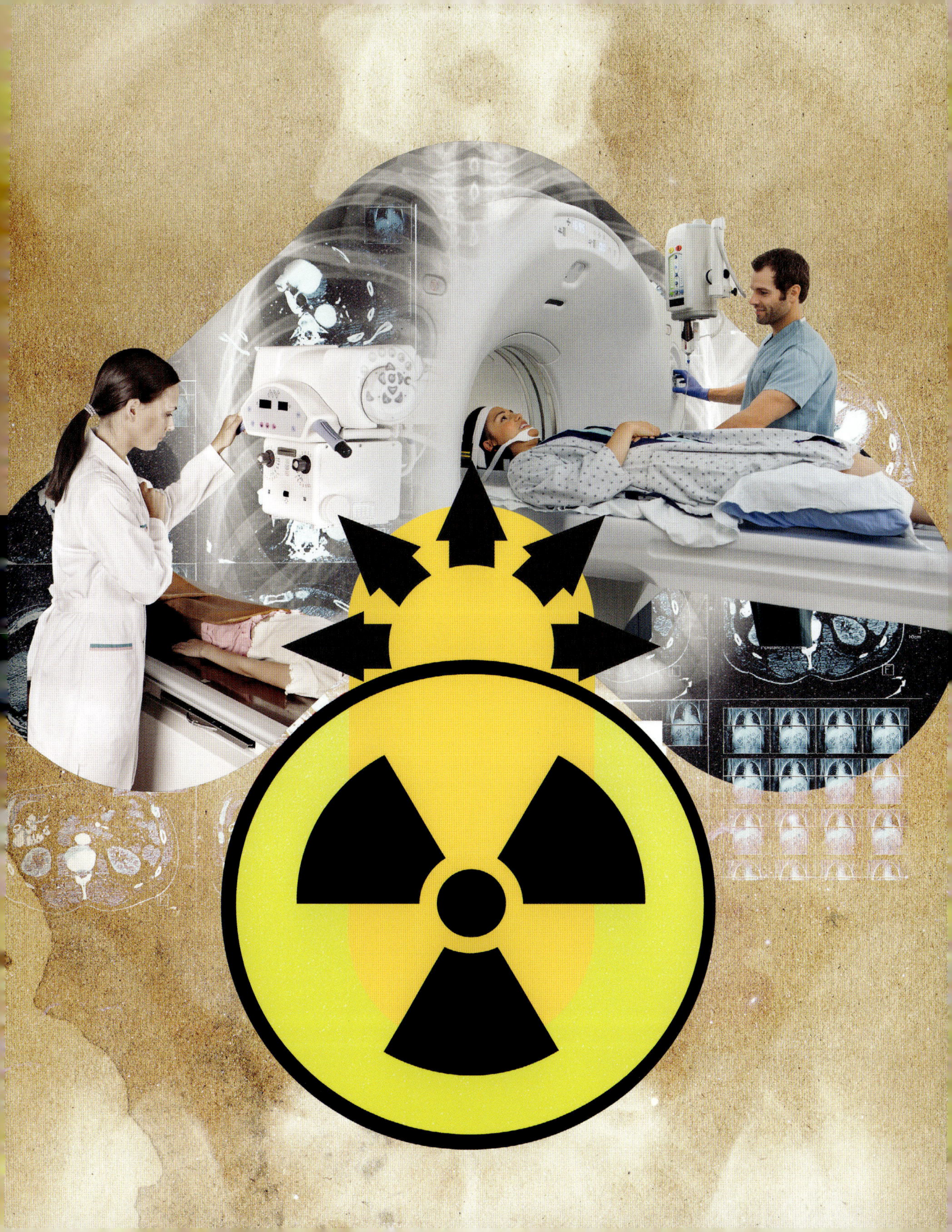

1820
Geburt in Florenz, dem sie ihren Namen verdankt

1837
Im Elternhaus in Embley Park in Hampshire vernahm sie erstmals den »Ruf Gottes«, der in ihr den Wunsch weckte, Krankenschwester zu werden

1847
Begegnung mit Sidney Herbert, des Kriegsministers während des Krimkriegs (1853–1856), der maßgeblich zur Umsetzung ihrer Reformvorschläge beitrug

1851
Viermonatiger Aufenthalt in Deutschland, in der Kaiserswerther Diakonie

1853
Übernahme der Leitung eines Londoner Pflegeheims

1854
Ankunft in der Selimiye-Kaserne in Scutari (heute Üsküdar, Türkei) mit einer Gruppe freiwilliger Helferinnen und katholischer Nonnen, die sich um die verwundeten britischen Soldaten des Krimkriegs kümmern sollten

1858
Erstes weibliches Mitglied der *Royal Statistical Society*

1859
Notes on Nursing; What it is and What it is Not

1860
Gründung der *Nightingale School of Nursing* am St. Thomas' Hospital in London

1910
Tod im Schlaf in ihrem Haus in der South Street, in London

FLORENCE NIGHTINGALE

Die in Großbritannien als

»Dame mit der Lampe« bekannte Florence Nightingale hat insbesondere in ihrer Heimat das Bild der fürsorglichen, mitfühlenden Krankenschwester für immer geprägt. Dabei ließ ihre großbürgerliche Herkunft den Werdegang zur Krankenschwester im 19. Jahrhundert eher unwahrscheinlich erscheinen. Ihre Eltern wollten sie zu einer guten Ehefrau und Mutter erziehen, wie man es von Frauen ihres Standes erwartete. Sie widersetzte sich jedoch ihrem Willen und absolvierte 1851 eine viermonatige Ausbildung in der Kaiserswerther Diakonie in Deutschland. Nach zwei weiteren Jahren im Ausland kehrte sie nach London zurück und übernahm dort die ihr angebotene Leitung des Londoner Pflegeheims *Establishment for Gentlewomen During Temporary Illness*.

Berühmtheit als Krankenschwester erlangte Nightingale während ihrer Zeit im Militärkrankenhaus von Scutari (heute der Istanbuler Stadtteil Üsküdar) während des Krimkriegs. Nach Berichten in der britischen Presse über die schlimmen Verhältnisse in Militärkrankenhäusern reiste sie mit einer Gruppe von Krankenschwestern ins Osmanische Reich, um die verwundeten Soldaten zu versorgen. Bei ihrer Ankunft war sie entsetzt über mangelnde Hygiene, Medikamentenknappheit und starke Überbelegung. Aufgrund der unhygienischen Bedingungen starben zehnmal mehr Patienten an einer Infektionskrankheit als an ihren Verwundungen. Sie setzte umgehend hygienische Praktiken wie Händewaschen durch, sorgte für die Beschaffung sauberer Kleidung und Bettwäsche sowie die Reorganisation von Küche und Wäschereien. Der Anteil der Patienten, die starben, sank darauf von 42 auf zwei Prozent.

Auch als sie in die Heimat zurückkehrte, setzte Nightingale ihre Kampagne für bessere Hygiene und Belüftung in Armeekrankenhäusern und Kasernen fort und war maßgeblich an der Gründung des *Royal Army Medical College* beteiligt. Anschließend wandte sie sich einer allgemeinen Krankenhausreform zu, um die Bedingungen in Arbeits- und Krankenhäusern zu verbessern. Mit Spendengeldern aus ihrer Zeit auf der Krim eröffnete sie 1860 am Londoner St. Thomas' Hospital die *Nightingale School of Nursing*.

Nightingales durchschlagender Erfolg beruhte zu einem nicht unwesentlichen Teil auf ihrer umfangreichen Verwendung grafischer Statistiken. So gilt sie als Erfinderin des Polar-Area-Diagramms, einer Variation des Kreisdiagramms. So konnte sie saisonale Schwankungen bei den Todesursachen im Krankenhaus von Scutari bildhaft darstellen und politischen Entscheidungsträgern die Auswirkungen der unhygienischen Bedingungen und die positiven Auswirkungen ihrer Reformen verständlich machen.

Mit ihren Errungenschaften in den Bereichen Gesundheitsversorgung und Statistik hat sich Florence Nightingale einen Platz in der Medizingeschichte gesichert. Ihr Engagement für eine mitfühlende Patientenbetreuung setzte Maßstäbe für den Pflegeberuf, die in ihrem Grundsatz bis heute Gültigkeit haben.

Philip Cox

MEDIZINISCHE FACHANGESTELLTE

30 Sekunden Medizin

3-SEKUNDEN-DOSIS
Medizinische Fachangestellte (Arzthelferinnen) unterstützen Ärzte bei der Diagnose und Behandlung von Patienten.

3-MINUTEN-KUR
Die Ausbildung zum medizinischen Fachangestellten erfolgt in Deutschland als duale Ausbildung und dauert drei Jahre. Zu den Inhalten gehören unter anderem Patientenbetreuung und -beratung, Assistenz bei ärztlicher Diagnostik und Therapie, gesetzliche und vertragliche Bestimmungen in der medizinischen Versorgung, Umgang mit Arznei- und Hilfsmitteln sowie Impfstoffen, Grundlagen der Prävention und Rehabilitation, Betriebsorganisation und Büroarbeiten. Eine Weiterbildung zum Fachwirt für ambulante medizinische Versorgung ist möglich.

Die offizielle Bezeichnung für den Gesundheitsfachberuf des Arzthelfers lautet in Deutschland medizinischer Fachangestellter, in der Schweiz medizinischer Praxisassistent und in Österreich Ordinationsassistenz. Auch viele andere Länder kennen ähnliche Berufsbilder im Gesundheitswesen. Der Beruf »Arzthelferin« entstand in Deutschland in den Fünfzigerjahren aus dem Bedürfnis der Ärzte heraus, dass ihnen in der Praxis jemand mit Kenntnissen sowohl im medizinischen als auch im verwaltungstechnischen Bereich zur Hand geht. Arzthelferinnen üben ihre Tätigkeit in Praxen von Hausärzten und Fachärzten oder anderen Bereichen der Gesundheitsversorgung aus und stehen in direktem Kontakt zu den Patienten. Die medizinischen Fachangestellten sind Laboranten, Sekretäre, technische und persönliche Assistenten. Zu ihrem Tätigkeitsbereich gehören die Assistenz bei Untersuchungen, Behandlungen, Operationen und in der Anästhesie, die Betreuung und Beratung von Patienten sowie organisatorische Tätigkeiten und Verwaltungsarbeit. *Physician associate (PA)* ist dagegen ein akademischer medizinischer Beruf mit weitergehenden Befugnissen wie der Erstellung von Diagnosen und Behandlungsplänen sowie in den USA auch der Verschreibung von Medikamenten. In Deutschland bieten heute einige Fachhochschulen entsprechende Studiengänge an. Diese Arztassistenten dürfen im Unterschied zum medizinischen Fachangestellten delegierbare Tätigkeiten selbstständig ausüben.

VERWANDTES THEMA
ARZT
Seite 120

3-SEKUNDEN-BIOGRAFIE
EUGENE ANSON STEAD
1908–2005
Amerikanischer Medizinpädagoge, der 1967 den ersten Jahrgang von *Physician Associates* prüfte

30-SEKUNDEN-TEXT
Larissa Nelson

Medizinische Fachangestellte assistieren Ärzten in einer Vielzahl medizinischer Einrichtungen.

APOTHEKER

30 Sekunden Medizin

3-SEKUNDEN-DOSIS
Apotheker sind Fachleute auf dem Gebiet der Arzneimittel und für deren Entwicklung, Herstellung, Prüfung, Beurteilung und Abgabe zuständig.

3-MINUTEN-KUR
In Deutschland sind zur Ausübung des Apothekerberufs ein Studium der Pharmazie, ein Praxisjahr sowie die anschließende Approbation erforderlich. Apotheker verfügen über ein umfassendes Wissen zu biochemischen Mechanismen und den (Wechsel-)Wirkungen von Medikamenten. Für die Ausübung ihrer Tätigkeit müssen sie aber auch über eine ausgezeichnete kommunikative und soziale Kompetenz verfügen sowie absolut gewissenhaft mit Arzneistoffen umgehen, weil sie für Abgabefehler haftbar gemacht werden können.

Apotheker sind nicht selten noch vor dem Arzt die erste Anlaufstelle für Menschen mit Fragen zu ihrer Gesundheit. Sie beraten ihre Kunden unter Beachtung gesetzlicher und ethischer Richtlinien fundiert über Art, Dosis und Verabreichungsform von Medikamenten. Apotheker verkaufen verschreibungspflichtige und andere Medikamente und stellen sie gegebenenfalls her. Sie fragen den Kunden, ob er andere Medikamente nimmt, um unerwünschte Wechselwirkungen mit dem von ihnen empfohlenen Arzneimittel auszuschließen. Der Apotheker informiert die Patienten auch über mögliche Nebenwirkungen und zu beachtende Vorsichtsmaßnahmen. Einige Apotheken bieten daneben Gesundheitschecks oder Vorträge zu Gesundheitsproblemen an. Krankenhausapotheken, in der Schweiz Spitalapotheken genannt, versorgen in Abstimmung mit den zuständigen Ärzten und weiterem Krankenhauspersonal die Stationen, Ambulanzen und weitere Teileinheiten des Krankenhauses mit Arzneimitteln sowie Apothekengütern wie Medizin- und Blutprodukten, Röntgen-, Dialyse- und Laborbedarf, medizinischen Gasen und Desinfektionsmitteln. Pharmazeuten können aber auch akademisch oder in der Pharmaindustrie tätig sein und bilden pharmazeutisch-kaufmännische Assistenten aus.

VERWANDTE THEMEN
PFLEGEFACHLEUTE
Seite 118

ARZT
Seite 120

3-SEKUNDEN-BIOGRAFIEN

FRIEDRICH SERTÜRNER
1783–1841
Deutscher Apotheker, der 1804 das Morphin (Morphium) entdeckte und mit seinen Forschungen zu seiner Verwendung als starkes Schmerzmittel beitrug

JOHN PEMBERTON
1831–1888
Amerikanischer Apotheker und Erfinder von Coca-Cola, das ursprünglich ein alkoholhaltiges Getränk war, das seiner Morphiumsucht entgegenwirkte

30-SEKUNDEN-TEXT
Larissa Nelson

Apotheker nutzen ihr Wissen über Arzneimittel, um ihre Kunden umfassend zu beraten und ihnen das für sie passendste Medikament zu verkaufen.

HEBAMME

30 Sekunden Medizin

3-SEKUNDEN-DOSIS
Hebamme ist eine Berufsbezeichnung für Frauen, die schwangere Frauen vor, während und nach der Geburt betreuen. Ihr männliches Pendant ist der Entbindungspfleger.

3-MINUTEN-KUR
Hebammen sind als hoch qualifizierte und spezialisierte Fachleute anerkannt. Sie müssen unter Stress Ruhe bewahren und ihre Patientinnen stets mit Freundlichkeit, Respekt und Mitgefühl behandeln. In Deutschland sorgen Hebammenschulen, in Österreich und der Schweiz Fachhochschulen, für ihre Ausbildung, die Aspekte der Biowissenschaften, Soziologie, Psychologie und Berufspraxis umfasst.

Hebammen betreuen schwangere Frauen und ihre Familien vor, während und nach der Geburt. Sie müssen Risiken während der Schwangerschaft oder für die Geburt rechtzeitig erkennen und einen Arzt heranziehen. Hebammen können frei praktizieren und dabei Hausgeburten begleiten oder freiberuflich als Beleghebamme sowie als Angestellte in Kliniken arbeiten. Während der Wehen und der Geburt beraten und unterstützen Hebammen die werdenden Eltern und Geburtsbegleiter und überwachen die Gesundheit von Mutter und Kind. Sie ergreifen Maßnahmen, damit Wehen und Geburt möglichst nicht in ihrem Verlauf behindert werden. Falls das Baby in Not gerät oder die Mutter zu geschwächt zum Pressen ist, kann die Hebamme eine mechanisch unterstützte Entbindung empfehlen, bei der das Kind mithilfe einer Geburtszange oder Saugglocke langsam und vorsichtig aus dem Geburtskanal gezogen wird. Hebammen leiten Geburten selbstständig, falls sie zuvor Risiken ausgeschlossen haben. Es muss kein Arzt anwesend sein. Umgekehrt ist der Arzt vom Gesetz zur Herbeiziehung einer Hebamme verpflichtet. Früher bildeten Frauen, die den Beruf schon länger ausübten, Hebammen aus. Im 17. und 18. Jahrhundert sahen sich Hebammen mit zahlreichen Anfeindungen durch männliche Ärzte konfrontiert. Das erste Lehrbuch für Hebammen in Deutsch erschien 1690, die erste Hebammenschule in Deutschland wurde 1817 in Eisenach eröffnet.

VERWANDTE THEMEN
SONOGRAFIE
Seite 56

ARZT
Seite 120

3-SEKUNDEN-BIOGRAFIEN
JANE SHARP
1641–1671
Von ihr stammt das erste englische Hebammenbuch *The Whole Art of Midwifery Discovered*. Das erste deutsche mit dem Titel *Die Kgl. Preußische und Chur-Brandenburgische Hof-Wehemutter* von Justine Siegemundin erschien 1690

INA MAY GASKIN
geb. 1940
Amerikanische Hebamme, die als »Mutter der authentischen Geburtshilfe« gilt, 1971 in Tennessee eines der ersten außerklinischen Geburtshilfezentren der USA, *The Farm Midwifery Center*, gründete und etliche Auszeichnungen für ihre Arbeit erhielt

30-SEKUNDEN-TEXT
Larissa Nelson

Hebammen beraten und unterstützen Eltern bei Schwangerschaft, Geburt und Wochenbett.

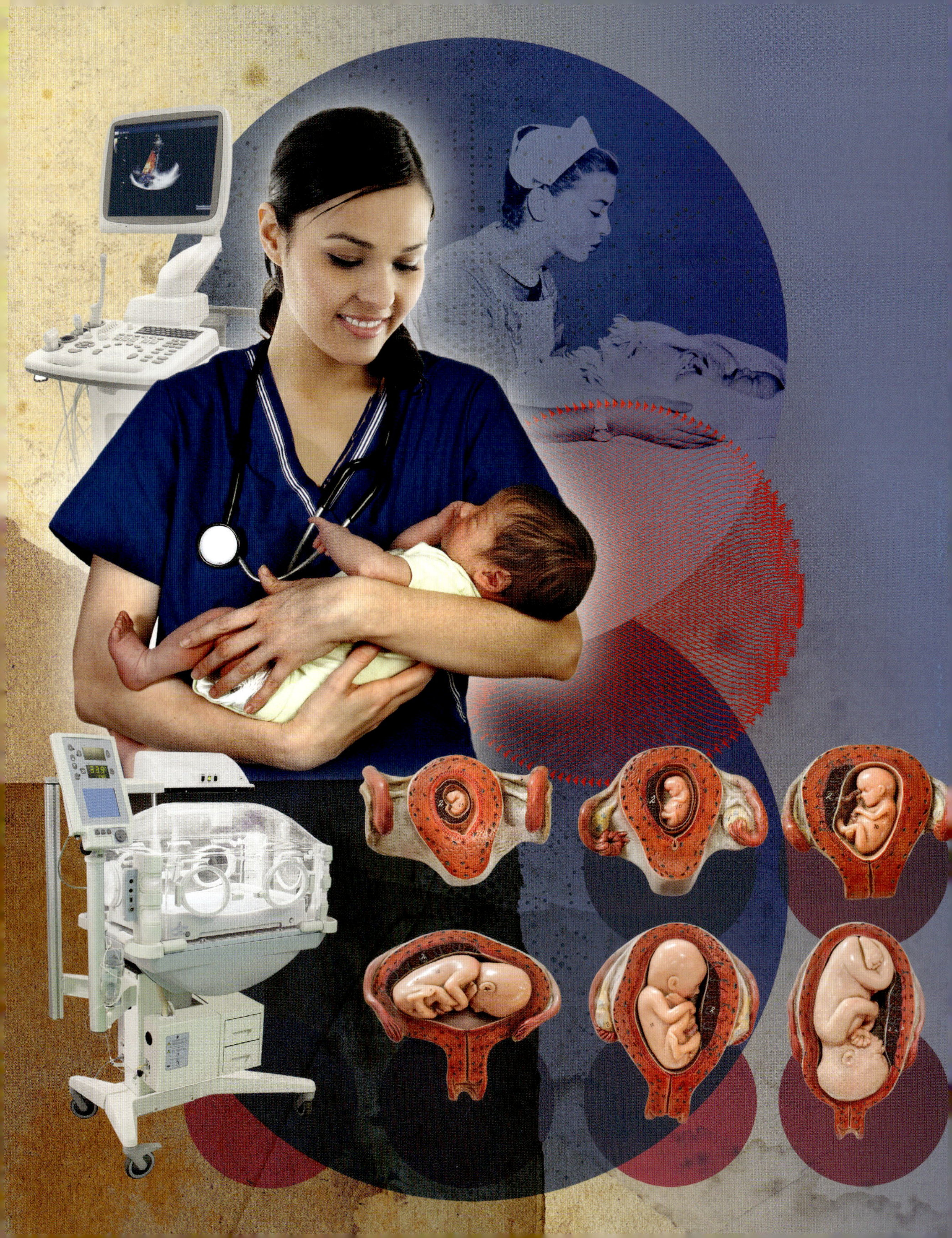

ARZNEIMITTEL

ARZNEIMITTEL
GLOSSAR

Anabolikum Substanz, die den Aufbau von körpereigenem Gewebe fördert. Viele anabole Hormone, darunter Insulin und Testosteron, werden vom Körper auf natürliche Weise ausgeschüttet.

Antipyretikum Fiebersenkender oder vor Fieber schützender Arzneistoff. Bewirkt Prozesse im Gehirn, die eine erhöhte Wärmeabgabe und Schweißsekretion auslösen. Meist als Komponente von Analgetika (Schmerzmitteln) verabreicht.

Beta-Zellen Zellen in den als Langerhans-Inseln bezeichneten Bereichen der Bauchspeicheldrüse (Pankreas), die das Hormon Insulin produzieren, speichern und ausschütten.

Cannabinoide Aktive chemische Verbindungen, die hauptsächlich in der Hanfpflanze vorkommen und die Cannabinoid-Rezeptoren (CNR1+2) im Gehirn aktivieren.

Cannabinoid-Rezeptoren Teil des Endocannabinoid-Systems, von denen CNR1 vor allem im Gehirn vorkommt, CNR2 dagegen vorwiegend auf Zellen des Immunsystems sowie Osteoblasten und Osteoklasten vorkommen.

Dopamin Chemischer Botenstoff (Neurotransmitter), der das Belohnungs- und Glückszentrum im Gehirn steuert. Es spielt auch eine Rolle bei der Steuerung von Bewegungen und emotionalen Reaktionen.

Kognitive Verhaltenstherapie Form der Psychotherapie. Wird bei einer Reihe psychischer Störungen eingesetzt. Der Patient lernt durch Selbstbeobachtung im Gespräch, krankmachende belastende Denkmuster zu erkennen und verändern.

Lipide Moleküle, die bei der Energiespeicherung, Signalübertragung sowie als Bestandteil von Zellmembranen eine Rolle spielen. Zu den Lipiden gehören Fette, fettlösliche Vitamine, Hormone, Öle und Wachse.

Noradrenalin (Norepinephrin, INN) Natürlich im Körper vorkommendes Hormon, das als Neurotransmitter (chemischer Botenstoff) und Stresshormon wirkt. Wird bei einem lebensbedrohlichen Blutdruckabfall (Hypotonie) intravenös verabreicht.

Pharmakologie Die Wissenschaft von der Wechselwirkung zwischen Stoffen und Lebewesen. Pharmakologen untersuchen Ausgangsstoffe, Eigenschaften und Wirkungen von Medikamenten.

Psychotrope Substanz Wirkstoff, der die menschliche Psyche (Gehirnfunktion) beeinflusst. Kann Stimmung, Wahrnehmung oder Bewusstsein verändern.

Reye-Syndrom Erkrankung, die eine Schädigung des Gehirns und eine fettige Degeneration der Leber (Fettleberentzündung) verursacht. Von diesem seltenen, aber gravierenden Syndrom sind am häufigsten Kinder und Jugendliche betroffen, die von Virusinfektionen wie Windpocken oder Grippe genesen.

Serotonin Neurotransmitter (chemischer Botenstoff), der die Funktion des Herz-Kreislauf-Systems, der Muskeln und verschiedener Teile des endokrinen Systems (Drüsen) mitsteuert.

Subkutan Unter der Haut. Flüssige Arzneimittel können subkutan ins Gewebe unter der Haut injiziert werden.

Thrombin Enzym im Blutplasma, das die Blutgerinnung auslöst, indem es Fibrinogen (im Blutplasma vorhandenes Protein) in Fibrin (Protein, das Blutgerinnsel bildet) umwandelt.

Trizyklisches Antidepressivum (TZA) Gruppe von Psychopharmaka, die in der Behandlung von Depressionen häufig zur Anwendung kommen. Sie verhindern, dass Nervenzellen chemische Botenstoffe wie Noradrenalin und Serotonin resorbieren und verlängern so die stimmungsaufhellende Wirkung von Noradrenalin und Serotonin.

Vitamin K Gruppe chemischer Verbindungen, die bei der Bildung der Blutgerinnungsfaktoren eine Schlüsselrolle spielen.

PARACETAMOL

30 Sekunden Medizin

3-SEKUNDEN-DOSIS

Paracetamol ist ein weitverbreitetes Medikament gegen Schmerzen und Fieber, das bei Überdosierung jedoch erhebliche Probleme verursachen kann.

3-MINUTEN-KUR

Der amerikanische Chemiker Harmon Morse entdeckte Paracetamol 1878 per Zufall und beschrieb es. Seit den Fünfzigerjahren kommt es weltweit bei Schmerzen und Fieber zum Einsatz. Im Vergleich zu anderen Analgetika wie Aspirin, das Magengeschwüre verursachen kann, stellten sich seine Nebenwirkungen als weniger gravierend heraus. Außerdem wurde Aspirin in den frühen Achtzigern mit dem Reye-Syndrom bei Kindern in Verbindung gebracht. Heute ist Paracetamol bei Kindern und Erwachsenen das fiebersenkende Schmerzmittel erster Wahl.

Paracetamol ist ein gängiges rezeptfreies Medikament gegen leichte bis mäßig starke Schmerzen und Fieber. Als Abbauprodukt und Wirkstoff von Acetanilid und Phenacetin, fiebersenkenden Analgetika mit erheblichen Nebenwirkungen, ersetzte es diese. Das in den Fünfzigerjahren in den USA auf den Markt gebrachte Paracetamol ist zwar seit Jahrzehnten in den meisten Haushalten zu finden, sein Wirkungsmechanismus jedoch noch immer nicht ganz verstanden. Es hemmt Cyclooxygenasen, die für die Bildung von Prostaglandinen entscheidenden Enzyme. Prostaglandine verstärken ihrerseits die Schmerzwahrnehmung. Diesen Wirkungsmechanismus teilen sie mit Analgetika wie Aspirin. Ein aktiver Paracetamol-Metabolit wirkt auf die an der Schmerzempfindung beteiligten Cannabinoid-Rezeptoren. Das oral oder parenteral (durch Injektion) verabreichte Paracetamol ist als Tabletten, Kapseln, Brausetabletten, Zäpfchen sowie in weiteren Formen rein und als Kombinationspräparat erhältlich. Die Maximaldosis für Erwachsene beträgt vier Gramm, aber auch Kindern kann Paracetamol bedenkenlos verabreicht werden. Allerdings kann schon eine geringe Überdosis toxisch wirken und zu Leberversagen führen – aufgrund der eher häufigen Überdosierungen ein nicht zu unterschätzendes Problem. N-Acetylcystein kann jedoch als geeignetes Gegenmittel bei rascher, intravenöser Verabreichung größere Komplikationen verhindern.

VERWANDTE THEMEN

PROTONENPUMPENHEMMER (PPI)
Seite 146

CANNABIS
Seite 150

3-SEKUNDEN-BIOGRAFIEN

HARMON NORTHROP MORSE
1848–1920
Amerikanischer Chemiker und Professor an der Johns Hopkins University, der als Erster Paracetamol synthetisierte

JULIUS AXELROD
1912–2004
Amerikanischer Biochemiker und Nobelpreisträger, der Paracetamol erstmals in Humanstudien als Schmerzmittel einsetzte

30-SEKUNDEN-TEXT

Martin Veysey

Paracetamol gehört zu den am häufigsten verwendeten Medikamenten. Es dient zur Behandlung leichter Schmerzen und von Fieber.

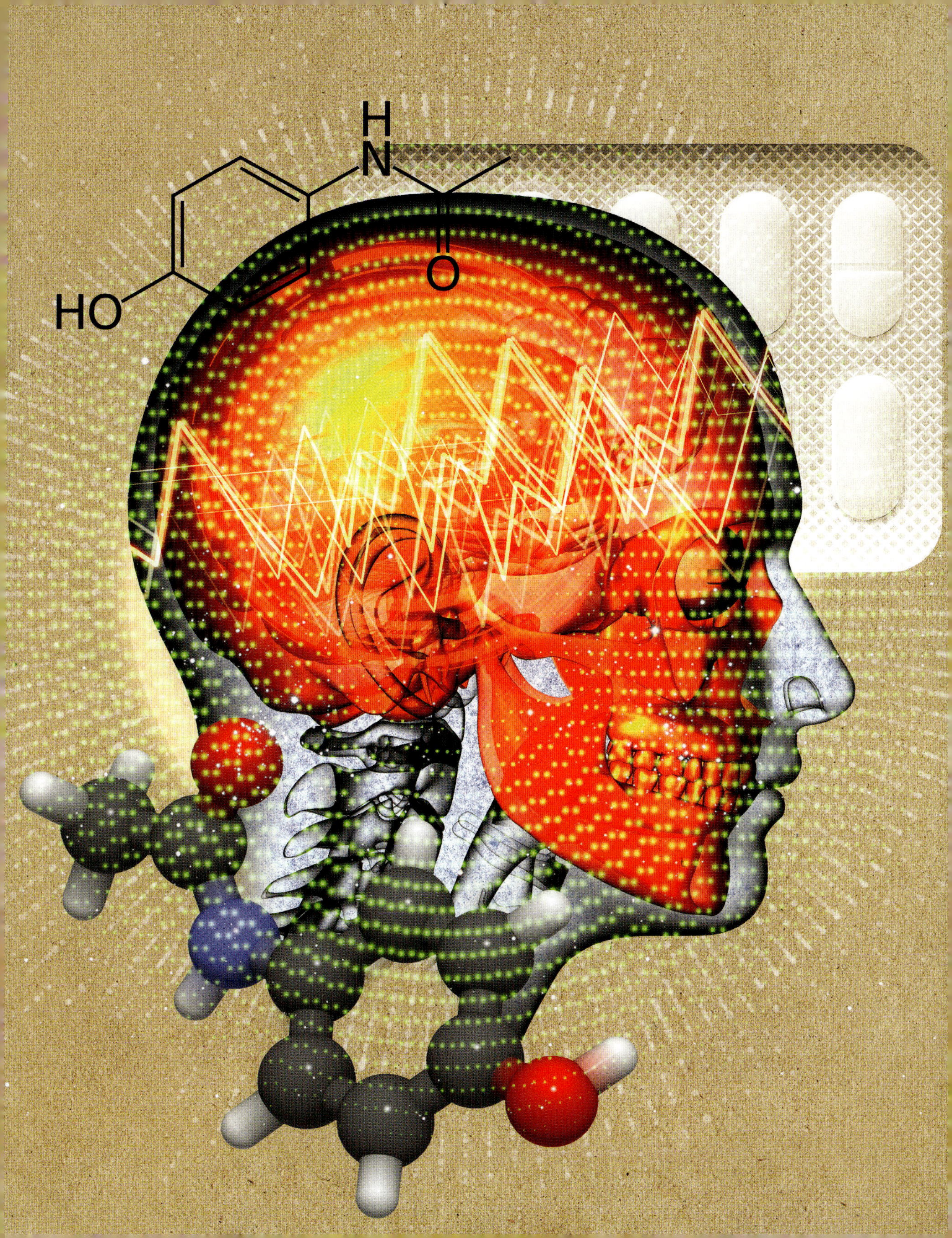
H
N
O
HO

ANTIDEPRESSIVA

30 Sekunden Medizin

3-SEKUNDEN-DOSIS
Antidepressiva, die in Neurotransmittersysteme eingreifen, kommen bei der Behandlung mittelschwerer bis schwerer Depressionen und anderer psychiatrischer Erkrankungen zum Einsatz.

3-MINUTEN-KUR
Die ersten Antidepressiva entdeckte man in den Fünfzigerjahren, als ein zur Behandlung von Tuberkulose eingesetzter Wirkstoff die Stimmung der Patienten deutlich verbesserte. Das Echte Johanniskraut und andere Heilpflanzen sind auch als milde Antidepressiva bekannt. Bei den pflanzlichen Heilmitteln verfügen wir jedoch nur über begrenzte Daten zu seine Wirksamkeit und diese variiert von Präparat zu Präparat. Zu den weiteren Behandlungsmethoden bei Depressionen gehört die kognitive Verhaltenstherapie.

Weltweit leiden über 120 Millionen Menschen an Depressionen, von denen im Rahmen der Behandlung ein Großteil Antidepressiva nimmt. Die wichtigsten Klassen sind Trizyklische Antidepressiva (TZA, kurz Trizyklika) wie Amitriptylin, Tetrazyklische Antidepressiva wie Mirtazapin, Selektive Serotonin-Wiederaufnahmehemmer (SSRI) wie Fluoxetin, Serotonin-Noradrenalin-Wiederaufnahmehemmer (SNRI) wie Venlaflaxin und Monoaminooxidase-Hemmer (MAO-Hemmer) wie Tranylcypromin. Die Wirkung der Medikamente beruht auf einer Normalisierung des Chemikalienhaushalts im Gehirn, die als Neurotransmitter bekannt sind. Die Neurotransmitter Serotonin, Noradrenalin und Dopamin steuern die Stimmung. Aufgrund der leicht unterschiedlichen Wirkungen der Medikamente hängt die Wahl des Antidepressivums vom klinischen Erscheinungsbild des Patienten ab. Die Behandlung mit Antidepressiva zeigt bei bis zu sechzig Prozent der Patienten Wirkung. Neuere Medikamente gelten oft als Mittel der Wahl, denn sie haben weniger Nebenwirkungen und stellen bei Überdosierung ein geringeres Problem dar. Zu den gängigen Nebenwirkungen von Antidepressiva gehören Kopfschmerzen, Übelkeit, trockener Mund, Verstopfung, Nachtschweiß und innere Unruhe. Ihre vollständige Wirkung entfalten sie meist erst nach drei bis vier Wochen, und die Patienten nehmen sie in der Regel bis zu einem Jahr lang weiter ein.

VERWANDTES THEMA
PSYCHOTHERAPIE
Seite 86

3-SEKUNDEN-BIOGRAFIE
ROLAND KUHN
1951–2005
Schweizer Psychiater und Psychopharmakologe, der die antidepressive Wirkung von Imipramin entdeckte

30-SEKUNDEN-TEXT
Martin Veysey

Antidepressiva wirken über Neurotransmitter auf die Stimmung. Neben Depressionen können damit auch Angststörungen und Panikattacken, Zwangsstörungen, chronische Schmerzen oder eine posttraumatische Belastungsstörung behandelt werden.

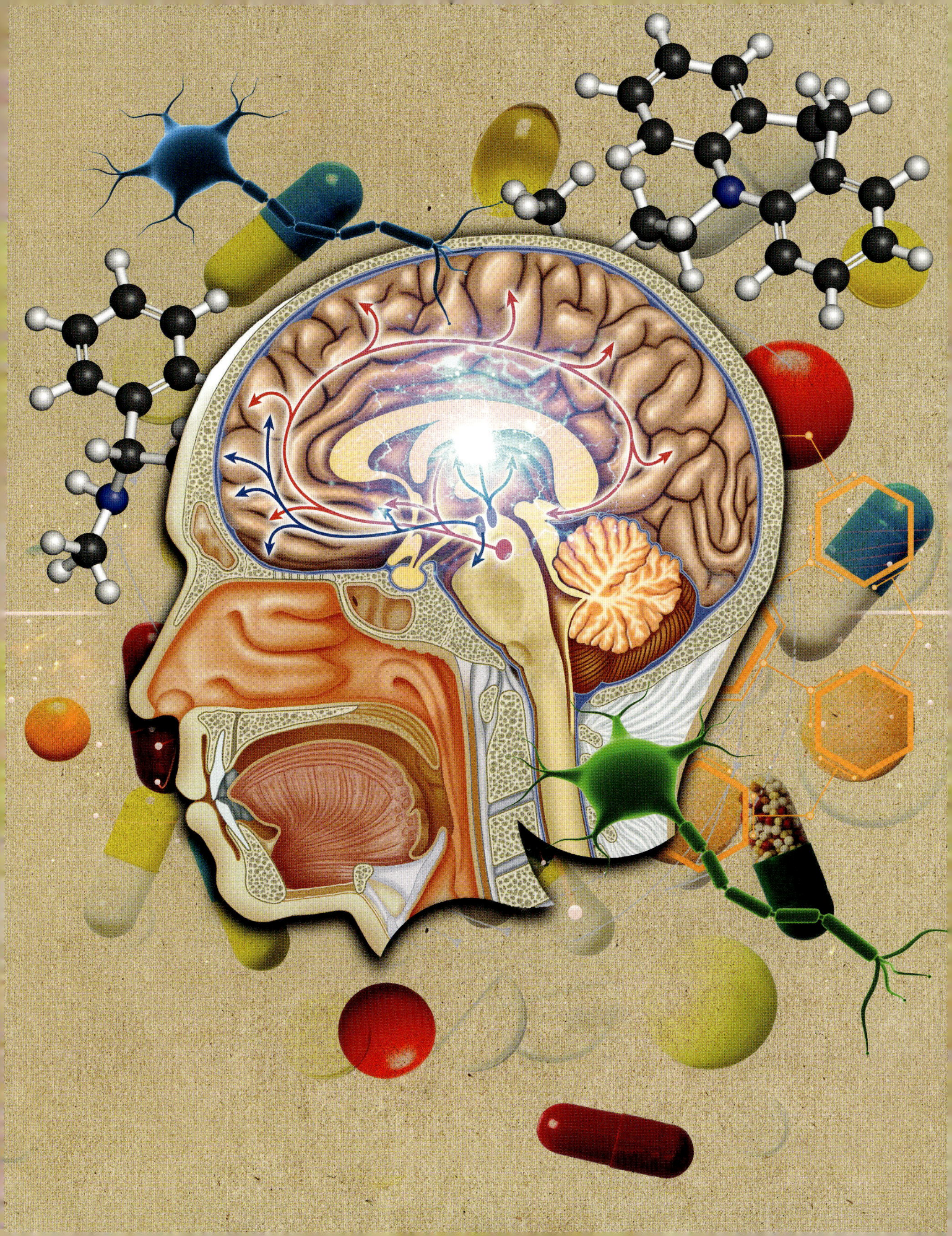

INSULIN

30 Sekunden Medizin

3-SEKUNDEN-DOSIS
Insulin ist ein Hormon aus der Bauchspeicheldrüse, das den Blutzucker reguliert; ein Mangel verursacht Diabetes.

3-MINUTEN-KUR
Eine weitere Behandlungsmöglichkeit für Patienten mit Diabetes besteht in einer Pankreas-Transplantation, nach der die nicht geschädigte Bauchspeicheldrüse eines Spenders für die erforderliche Insulinausschüttung sorgt. Insulin reguliert nicht nur den Blutzucker, sondern steuert auch eine Reihe weiterer wichtiger Stoffwechselprozesse. Es aktiviert die Synthese von Fettsäuren in der Leber und hemmt den Fettabbau im Fettgewebe. Insulin stimuliert auch die Aufnahme von Aminosäuren.

Das anabole Hormon Insulin wird in den Betazellen der Bauchspeicheldrüse produziert. Bereits im 19. und frühen 20. Jahrhundert zeigten Forscher bei Tieren auf, dass Extrakte aus der Bauchspeicheldrüse den Blutzucker senken, doch erst 1921 entdeckten Frederick Banting und Charles Best, dass Insulin für diesen Effekt verantwortlich ist. Insulin reguliert den Blutzucker (Glukoseanteil im Blut), sodass er weder stark ansteigt (Hyperglykämie) noch abfällt (Hypoglykämie). Dank des Insulins kann der Körper Glukose aufnehmen, zu Organen und Geweben transportieren und insbesondere in der Leber speichern. Produziert jemand kein Insulin oder ist gegen dessen Wirkung resistent, entwickelt er Diabetes (Typ 1 oder 2). Die erste lebensrettende Insulintherapie fand bereits ein Jahr nach dessen Entdeckung statt. Das Insulin stammt ursprünglich aus der Bauchspeicheldrüse von Rindern oder Schweinen. Da es jedoch oft zu Immunreaktionen kam, wurde in den frühen Achtzigerjahren mittels rekombinanter DNA (durch gentechnische Veränderung eines Bakteriums) Humaninsulin entwickelt, das heute neben den seit 1996 verfügbaren künstlichen Insulinen meist verwendet wird. Nach Wirkungseintritt und Wirkungsdauer werden vier Arten von Insulin unterschieden: kurz wirkende, Verzögerungs- (Intermediär- und Langzeitinsuline) sowie Mischinsuline. Insulin kann parenteral (subkutan, intravenös oder intramuskulär) gespritzt oder inhalativ und oral eingenommen werden.

VERWANDTES THEMA
DIABETES MELLITUS
Seite 96

3-SEKUNDEN-BIOGRAFIEN

PAUL LANGERHANS
1847–1888
Deutscher Pathologe, der die insulinproduzierenden Pankreaszellen entdeckte und nach dem sie benannt sind (Langerhans-Inseln)

FREDERICK BANTING & CHARLES BEST
1891–1941 & 1899–1978
Kanadischer Arzt und Medizinstudent, die das Insulin entdeckten

FREDERICK SANGER
1918–2013
Britischer Biochemiker, der für seine Arbeiten zur Struktur von Insulin mit dem Nobelpreis für Chemie ausgezeichnet wurde

30-SEKUNDEN-TEXT
Martin Veysey

Es stehen zahlreiche Formen der Insulinbehandlung für Patienten zur Verfügung, die kein Insulin produzieren oder gegen dessen Wirkung resistent sind.

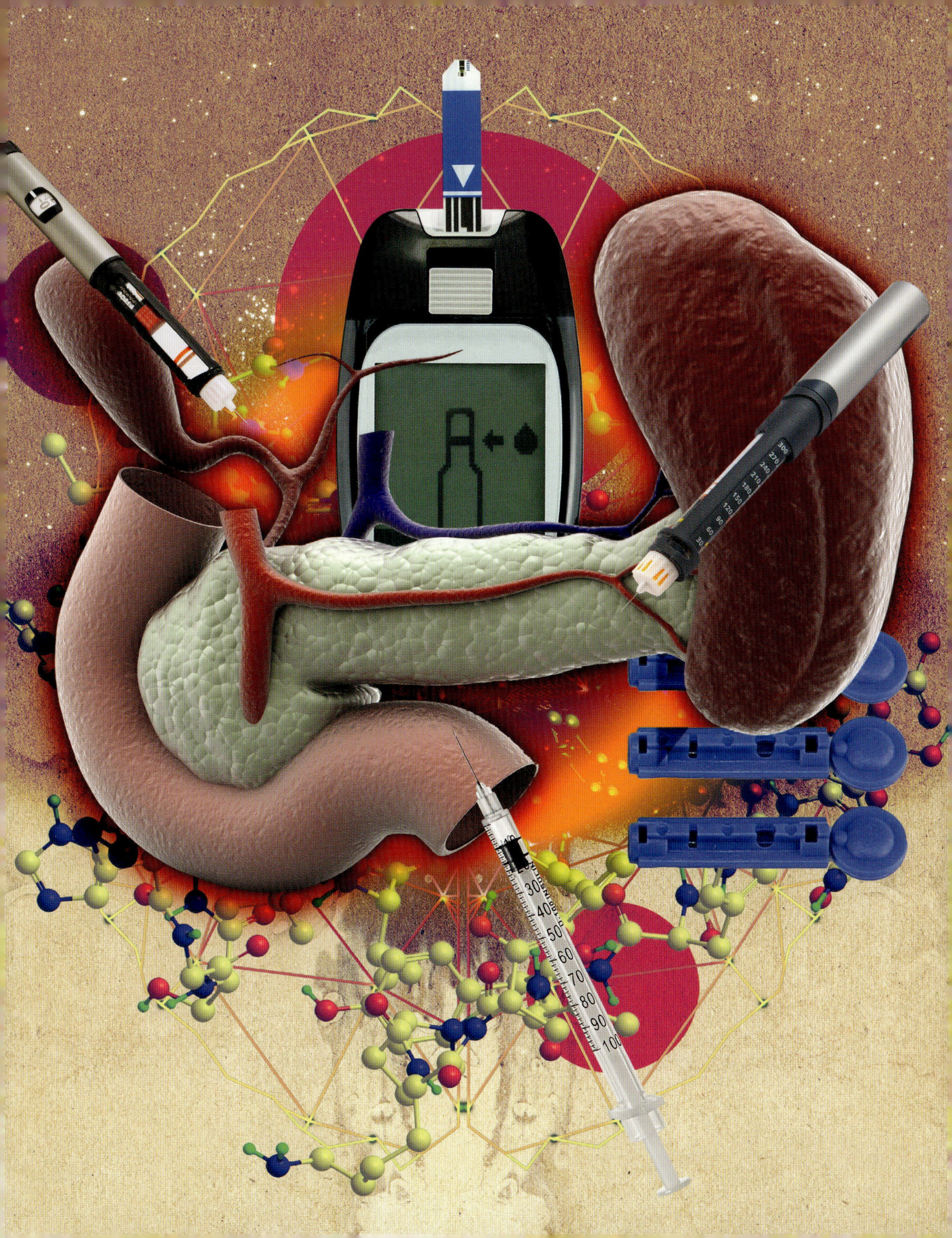

STATINE

30 Sekunden Medizin

3-SEKUNDEN-DOSIS
Statine sind Arzneistoffe, die den Cholesterinspiegel und damit das Risiko von Herz-Kreislauf-Erkrankungen senken.

3-MINUTEN-KUR
Akira Endō testete in den Siebzigerjahren Tausende Pilzextrakte, um für seinen Arbeitgeber neue Antibiotika zu entwickeln. Dabei stieß er jedoch auf Vertreter einer Gruppe von Substanzen, die das Bakterienwachstum stoppten, indem sie ein Schlüsselenzym bei der Cholesterinproduktion in deren Zellen blockierten – die Statine. Als erstes Statin wurde Lovastatin als Medikament zur Cholesterinsenkung vertrieben. Atorvastatin gehört zu den meistverkauften Arzneimitteln der Medizingeschichte.

Die als Statine bezeichneten Arzneistoffe hemmen ein Enzym namens HMG-CoA-Reduktase, das die Geschwindigkeit der Cholesterinsynthese bestimmt. Auf diese Weise senken sie den Cholesterinspiegel erheblich und wirken sich auch in anderer Weise günstig auf das Lipidprofil aus. Da ein erhöhter Cholesterinspiegel, insbesondere von LDL (*Low Density Lipoprotein*), mit einem größeren Risiko von Herz-Kreislauf-Erkrankungen in Verbindung gebracht wird, trägt diese Senkung zur Verminderung der Zahl der Herzinfarkte und Todesfälle bei. Bei Patienten mit erhöhtem Risiko für Herz-Kreislauf- Erkrankungen, aber noch keinen Anzeichen einer Erkrankung (Primärprävention), und solchen mit Herz-Kreislauf-Erkrankungen im Frühstadium (Sekundärprävention) ist die Wirkung der Behandlung mit Statinen gut belegt. Zu den Wirkstoffen aus der Gruppe der Statine gehören Atorvastatin, Fluvastatin, Lovastatin, Rosuvastatin und andere. Sie werden unterschiedlich gut absorbiert und verstoffwechselt, was zu Unterschieden bei Wirksamkeit und Nebenwirkungen führt. Sie können einzeln oder in Kombination mit anderen lipidsenkenden Mitteln verwendet werden. Nebenwirkungen von Statinen sind Muskelschmerzen und -schäden, ein erhöhtes Risiko für Diabetes mellitus Typ 2 und Leberfunktionsstörungen. Patienten sollten während der Behandlung daraufhin überwacht werden. Zusätzlich zur Einnahme von Medikamenten werden die Patienten zu einer gesünderen Lebensweise angehalten.

VERWANDTE THEMEN

ANTIBIOTIKA
Seite 76

DIABETES MELLITUS
Seite 96

GEFÄSSERKRANKUNGEN
Seite 98

3-SEKUNDEN-BIOGRAFIEN
AKIRA ENDŌ
geb. 1933
Japanischer Biochemiker, der die lipidsenkende Wirkung einer Substanz mit dem Labornamen *ML-236* (Mevastatin) beschrieb, die in einem Pilzextrakt enthalten war

JOSEPH LEONARD GOLDSTEIN & MICHAEL STUART BROWN
geb. 1940 & geb. 1941
Amerikanische Genetiker, die für ihre Forschungen zum Cholesterinstoffwechsel, die zur Entwicklung von Statinen führten, mit dem Nobelpreis ausgezeichnet wurden

30-SEKUNDEN-TEXT
Martin Veysey

Statine hemmen die Cholesterinsynthese und vermindern das Risiko von Herz-Kreislauf-Erkrankungen.

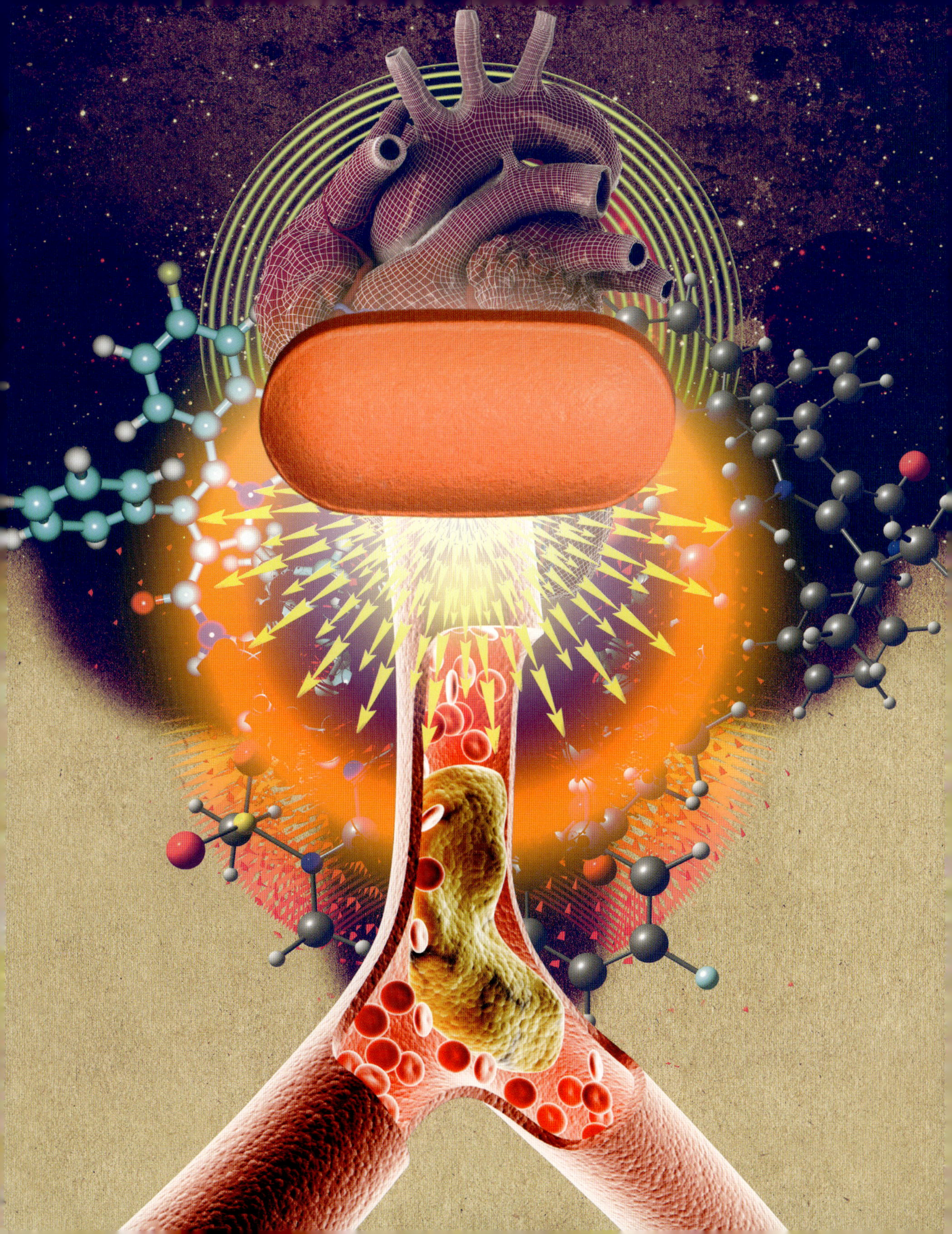

1836
Geburt in Whitechapel, East London, als zweites von zwölf Kindern

1854
Begegnung mit Emily Davies, die das *Girton College*, das erste Frauencollege der Universität Cambridge, mitgegründet hatte

1859
Reise nach London, um dort Elizabeth Blackwell, die erste Frau, die sich in den USA als Ärztin qualifizierte, zu treffen

1865
Lizenziat der *Society of Apothecaries* (LSA), das ihr die Ausübung medizinischer Tätigkeit erlaubte

1866
Eröffnung des Frauen- und Kinderkrankenhauses *St Mary's Dispensary*, das Frauen aus armen Verhältnissen Zugang zu einem weiblichen Arzt bot

1870
Promotion in Medizin an der Universität Paris

1873
Erstes weibliches Mitglied der *British Medical Association*

1874
Gründung der *London School of Medicine for Women* mit Sophia Jex-Blake

1908
Wahl zur ersten britischen Bürgermeisterin in der Kleinstadt Aldeburgh in Suffolk

1917
Tod im Alter von 81 Jahren

ELIZABETH GARRETT ANDERSON

Elizabeth Garrett Anderson war eine echte Pionierin. Indem sie sich in ihrem Wunsch, Ärztin zu werden, nicht beirren ließ und es schließlich schaffte, in dieser damals in Großbritannien rein männlichen Domäne anerkannt zu werden, ebnete sie vielen anderen Frauen den Weg, in ihre Fußstapfen zu treten.

Zwei Begegnungen als junge Frau in den 1850er-Jahren prägten Garretts Leben und berufliche Karriere nachhaltig: mit Emily Davies, die beharrlich für das Recht der Frauen auf Hochschulbildung kämpfte, und mit Elizabeth Blackwell, der ersten Ärztin der USA. Davies und Blackwell ermutigten Garrett, ihr Ziel zu verfolgen und sich als Ärztin zu qualifizieren. Auch Elisabeths Vater, der sich dem Berufswunsch seiner Tochter erst widersetzte, unterstützte sie später nach Kräften in ihren Ambitionen.

Ihre medizinische Ausbildung begann Garret 1860 als OP-Schwester am Londoner *Middlesex Hospital*, wo sie ein Diplom in Chemie und *Materia Medica* erhielt. Nachdem sie erst durch mehrere führende medizinische Fakultäten abgelehnt worden war, wurde sie schließlich in die *Society of Apothecaries* aufgenommen, deren Satzung eine Ablehnung ihres Antrags allein aufgrund des Geschlechts ausschloss. Von dieser Gesellschaft wurde sie 1865 als Ärztin zugelassen – mit der Höchstnote der sieben Prüfungskandidaten jenes Tages. Nach fünf weiteren Jahren promovierte Garrett schließlich in Medizin an der Universität Paris, wo dies Frauen gestattet war.

Auch wenn sie sich damit als Medizinerin umfassend qualifiziert hatte, fand sie aufgrund ihres Geschlechts keine Stelle an einem Krankenhaus. Deshalb eröffnete Garrett eine eigene Praxis in London. Als die Patientenliste allmählich immer länger wurde, sah sie sich zur Gründung des Krankenhauses *St Mary's Dispensary* ermutigt, in dem finanzschwache Frauen von qualifizierten Ärztinnen medizinische Hilfe erhielten. 1873 wurde Garrett Anderson als erstes weibliches Mitglied in die *British Medical Association* aufgenommen. Im folgenden Jahr gründete sie mit der *London School of Medicine for Women* die erste anerkannte medizinische Schule für Frauen in Großbritannien, mit, an der sie fortan bis zu ihrer Pensionierung im Jahre 1902 tätig war – ab 1883 als Dekanin.

Garrett Anderson, im Ruhestand kaum weniger aktiv als zuvor, setzte ihre Kampagne für das Frauenwahlrecht fort und wurde 1908 in Aldeburgh, Suffolk, zur ersten britischen Bürgermeisterin gewählt. Ein Jahr nach ihrem Tod wurde das von ihr gegründete Krankenhaus zu ihren Ehren in *Elizabeth Garrett Anderson Hospital* umbenannt.

Philip Cox

PROTONENPUMPEN-HEMMER (PPI)

30 Sekunden Medizin

3-SEKUNDEN-DOSIS
Protonenpumpenhemmer sind Arzneistoffe, die die Bildung von Magensäure unterdrücken und zur Behandlung von säurebedingten Störungen im Oberbauch eingesetzt werden.

3-MINUTEN-KUR
Da eine Behandlung mit PPI nicht selten lange dauert, sind die Hausärzte angehalten, ihren Patienten nur die für die Unterdrückung ihrer Symptome erforderliche Mindestdosis zu verschreiben. Zur Behandlung von *Helicobacter pylori* werden PPI mit zwei Antibiotika kombiniert. Die Wirkung der Behandlung bestätigt ein 13C-Harnstoff-Atemtest.

PPI sind die stärksten Hemmer der Magensäureproduktion. Seit ihrer Einführung in den Neunzigerjahren ist ihr Verbrauch um das Zehnfache angestiegen, sodass heute etwa jeder dritte Erwachsene mindestens einmal jährlich PPI einnimmt. Sie kommen unter anderem bei der Refluxkrankheit, bei Magen- und Zwölffingerdarmgeschwüren sowie zur Bekämpfung von *Helicobacter pylori*, den für Gastritis, Magengeschwüre und -krebs mitverantwortlichen Bakterien zum Einsatz. Außerdem wirken sie Komplikationen im Magen-Darm-Trakt infolge der Einnahme nicht-steroidaler entzündungshemmender Medikamente wie Aspirin oder Ibuprofen entgegen. Gebräuchlichere Protonenpumpenhemmer sind Omeprazol, Lansoprazol, Pantoprazol, Rabeprazol und Esomeprazol, die eine leicht unterschiedliche Pharmakologie aufweisen – sowohl in Bezug auf den Eintritt als auch auf die Stärke der Wirkung und ebenso auf die Verstoffwechselung. Aufgrund ihrer weitverbreiteten Verwendung sind in einigen Fällen bei Patienten erhebliche Nebenwirkungen zu verzeichnen. Dazu gehören Frakturen, Lungenentzündungen, Magen-Darm-Infektionen, Vitamin- und Mineralstoffmangel sowie Nierenprobleme. Bei entsprechender Diagnose erfolgt erst eine kurze PPI-Behandlung. Falls die Symptome anhalten, wird der Patient vor einer längerfristigen Anwendung von PPI einer endoskopischen Untersuchung des oberen Magen-Darm-Traktes (Magenspiegelung) unterzogen.

VERWANDTES THEMA
KREBS
Seite 106

3-SEKUNDEN-BIOGRAFIE
BARRY MARSHALL
geb. 1951
Australischer Arzt und Professor für Klinische Mikrobiologie an der *University of Western Australia*, der als Erster *Helicobacter pylori* mit Magengeschwüren in Verbindung brachte und für diese Entdeckung 2005 den Nobelpreis erhielt

30-SEKUNDEN-TEXT
Martin Veysey

PPI hemmen die Ausschüttung von Magensäure. Sie dienen der Behandlung zahlreicher Magen-Darm-Erkrankungen und der Vorbeugung von Nebenwirkungen anderer Medikamente.

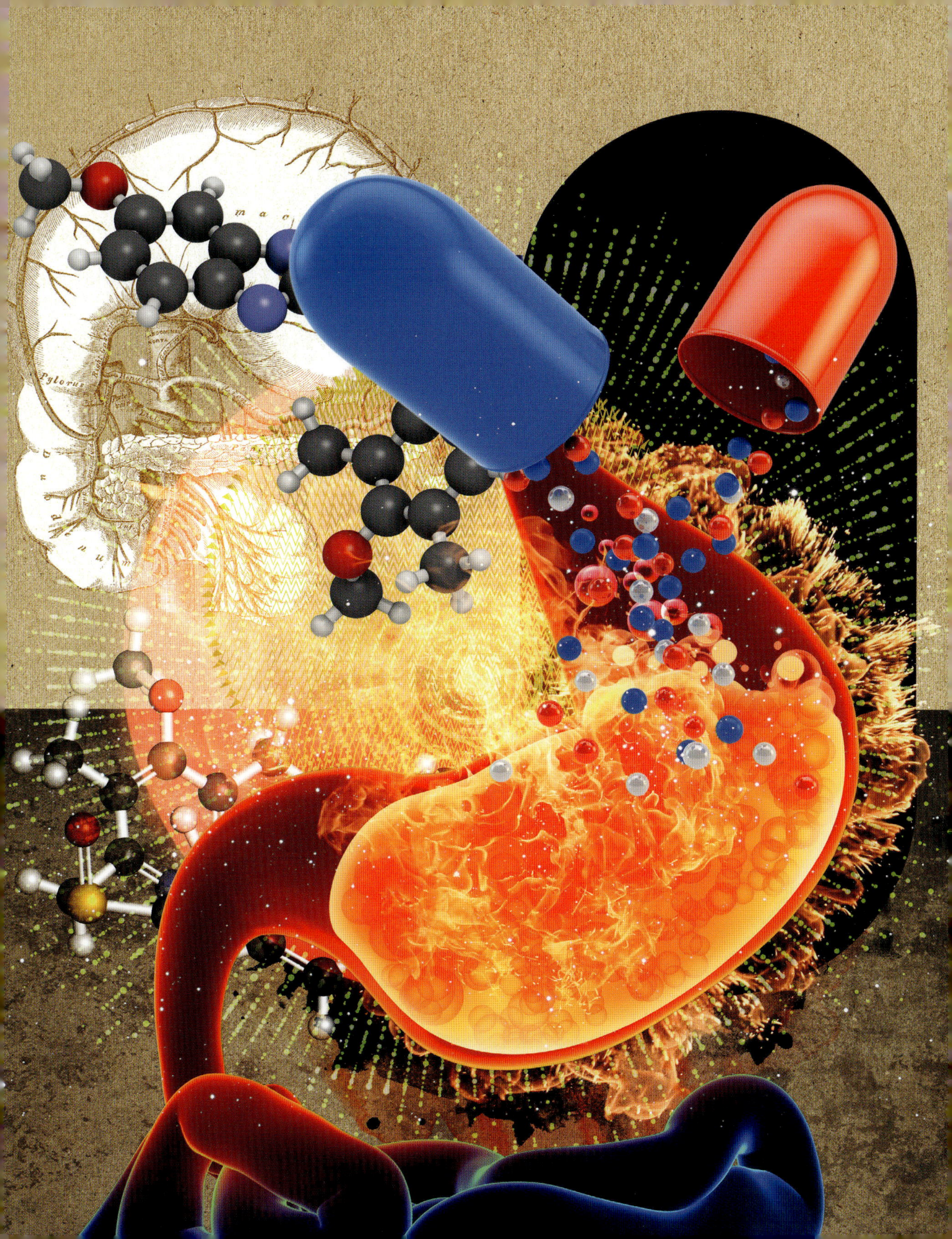
Pylorus

GERINNUNGS-HEMMER

30 Sekunden Medizin

3-SEKUNDEN-DOSIS
Gerinnungshemmer sind Arzneimittel, die oral oder parenteral (durch Injektion) verabreicht, der Vermeidung und Behandlung von Blutgerinnseln dienen.

3-MINUTEN-KUR
Bei Patienten, die mit Warfarin oder einem Heparin behandelt werden, dienen Bluttests der Überwachung der Gerinnungskaskade. Bei neueren oralen Gerinnungshemmern wie Apixaban, Dabigatran und Rivaroxaban ist dies jedoch nicht erforderlich. Eine erhöhte Neigung zur Bildung von Blutgerinnseln bezeichnet man als Thrombophilie. Zu ihren häufigsten erblichen Formen gehört die Faktor-V-Leiden-Mutation mit einer Prävalenz von etwa fünf Prozent in Europa. Bis zu einem Drittel der Patienten mit einer Beinvenenthrombose leiden daran.

Normalerweise befinden sich Bildung und Auflösung von Blutgerinnseln im Gleichgewicht. Dieses wird gesteuert von einem komplexen Zusammenwirken von Blutbestandteilen, Blutgefäßen und der Gerinnungskaskade, einer Reihe chemischer Reaktionen innerhalb der plasmatischen Gerinnung. Vitamin K, Faktor Xa und Thrombin spielen Schlüsselrollen bei der Blutgerinnung. Von den vier Typen von Gerinnungshemmern (Antikoagulanzien) sind drei in Tablettenform erhältlich: Vitamin-K-Antagonisten (Cumarin-Derivate) wie Warfarin oder das in Deutschland übliche Phenprocoumon, Thrombinhemmer wie Dabigatran und Faktor-Xa-Hemmer wie Rivaroxaban. Heparine, die Thrombin und Faktor Xa hemmen, werden intravenös oder subkutan verabreicht. Gerinnungshemmer kommen in der Behandlung von Blutgerinnseln, beispielsweise bei Beinvenenthrombosen und Lungenembolien, oder bei Thrombophilie zum Einsatz. Zu letzterer Gruppe gehören Patienten mit Herzrhythmusstörungen oder Herzklappenersatz, mit familiärer oder persönlicher Vorgeschichte sowie solche, die operiert werden. Die Hauptnebenwirkung von Gerinnungshemmern, ein erhöhtes Blutungsrisiko, äußert sich in häufigem Nasen- und Zahnfleischbluten, kann aber auch schwererwiegender sein. Vitamin K oder frisch gefrorenes Blutplasma korrigieren die Wirkung von Cumarin-Derivaten. Auch für Heparin existiert ein Gegenmittel, aber die Wirkung neuerer oraler Antikoagulanzien lässt sich nur schwer umkehren.

VERWANDTES THEMA
GEFÄSSERKRANKUNGEN
Seite 98

3-SEKUNDEN-BIOGRAFIE
KARL PAUL LINK
1901–1978
Amerikanischer Biochemiker, der ein gerinnungshemmendes Cumarin in verschimmeltem Heu des Steinklees entdeckte

30-SEKUNDEN-TEXT
Martin Veysey

Antikoagulanzien werden Patienten mit einer erhöhten Neigung zu Thrombosen verabreicht. Ihre Wirkung beruht auf der Unterbrechung der an der Bildung von Blutgerinnseln beteiligten Prozesse.

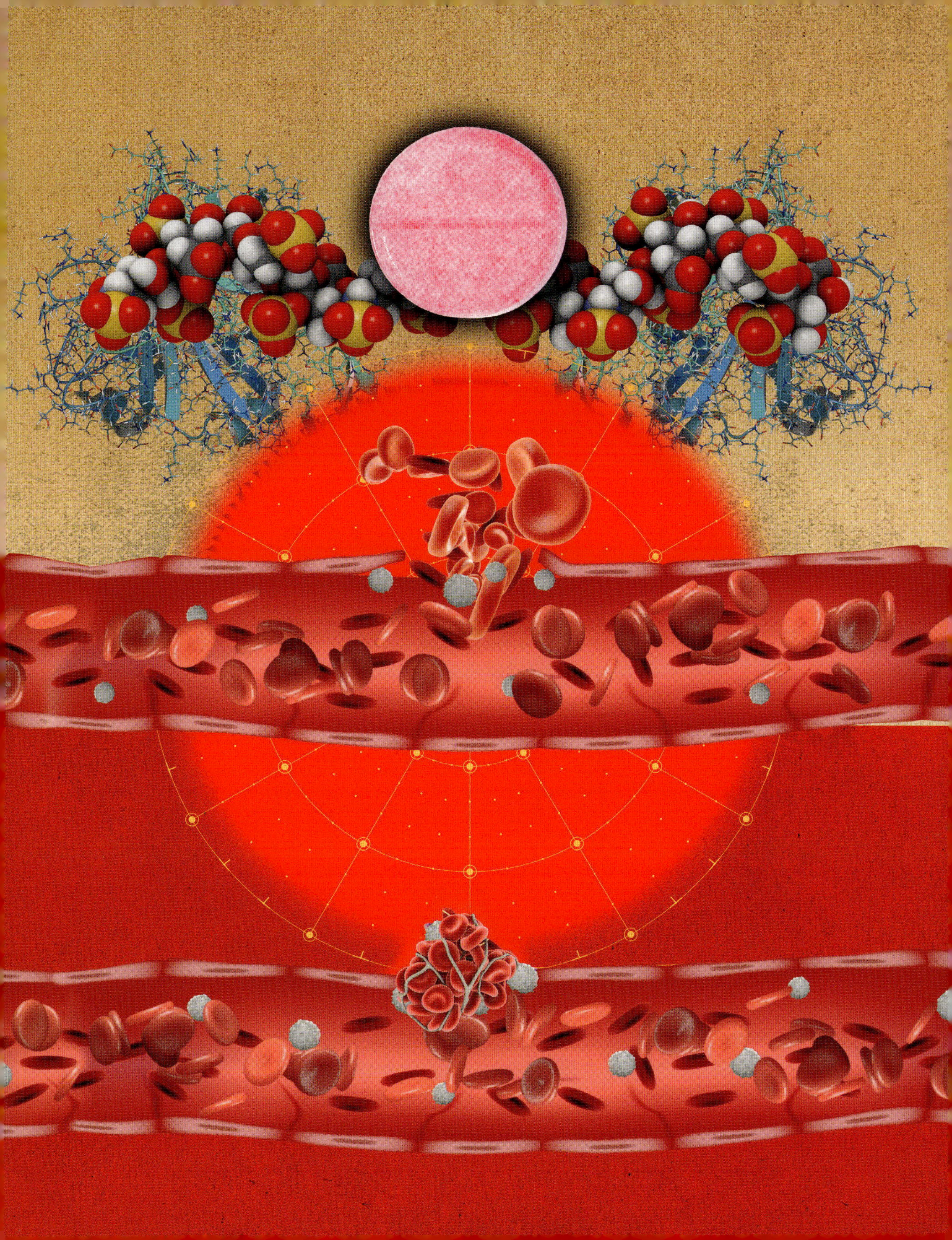

CANNABIS

30 Sekunden Medizin

Der früheste Beleg für die Verwendung von Hanf stammt aus China und ist über vier Jahrtausende alt. Nach Amerika gelangte die heute weltweitverbreitete Pflanze mit den spanischen Eroberern, die sie als widerstandsfähige Faser schätzten. Der in weiten Teilen der Welt wild wachsende Hanf wird auch kommerziell angebaut. Als Rauschmittel ist Cannabis in vielen Ländern verboten, der Besitz – und oft auch schon der Konsum der unter anderem als Gras, Weed, Pot, Ganja bzw. Haschisch und Shit bekannten Droge –steht unter Strafe. Marihuana enthält über 400 chemische Verbindungen. Unter den über fünf Dutzend Cannabinoiden im Hanf weist Tetrahydrocannabinol (THC) die stärkste psychoaktive Wirkung auf. Die Europäische Beobachtungsstelle für Drogen und Drogensucht (EBDD) gab 2015 den mittleren THC-Gehalt von Marihuana mit 7–11 (maximal 22 Prozent) an, während Haschisch auch über 30 Prozent THC enthalten kann. Cannabis wird in der Regel in Kombination mit Tabak geraucht, kann aber in Form von Haschischkuchen und -keksen gegessen oder als Extrakt getrunken werden. Hanf findet aber auch eine ganze Reihe medizinischer Anwendungen. So lindert er bei neurologischen und muskuloskelettalen Erkrankungen Schmerzen und Spastik, unterdrückt bei Chemotherapiepatienten Übelkeit und Brechreiz und wird zur Behandlung von erhöhtem Augendruck (Glaukom, Grüner Star) eingesetzt.

3-SEKUNDEN-DOSIS

Cannabis wird in einigen Formen legal als verschreibungspflichtiges Arzneimittel verwendet. Als Rauschmittel ist es vielerorts illegal.

3-MINUTEN-KUR

Etwa jeder vierte Erwachsene in der westlichen Welt gibt zu, dass er schon mindestens einmal Cannabis konsumiert hat, nicht wenige verwenden es regelmäßig als Freizeitdroge. Sein Konsum treibt den Puls in die Höhe, senkt den Blutdruck und steigert den Appetit. Er kann auch zu einem Verlust des Kurzzeitgedächtnisses und kurzzeitigen psychischen Störungen führen. Ein Zusammenhang zwischen Cannabiskonsum und langfristigen psychiatrischen Erkrankungen wird bisweilen vermutet.

VERWANDTE THEMEN

DIE TRADITIONELLE CHINESISCHE MEDIZIN (TCM)
Seite 24

KREBSBEHANDLUNG
Seite 72

3-SEKUNDEN-BIOGRAFIE

SHENNONG

3. Jahrtausend v. Chr.

Legendärer chinesischer Urkaiser und menschlicher Gott, der als einer der Väter der traditionellen chinesischen Heilpflanzenkunde gilt und den Menschen unter anderem den Anbau der Cannabispflanze beibrachte

30-SEKUNDEN-TEXT

Martin Veysey

Hanf zählte in der traditionellen chinesischen Medizin zu den wichtigsten Heilpflanzen. Heute ist seine medizinische Anwendung gesetzlich eingeschränkt, und er kommt vor allem zur Schmerzlinderung und als Mittel gegen Übelkeit zum Einsatz.

ANHÄNGE

QUELLEN

BÜCHER

Anatomie in 30 Sekunden
Gabrielle M. Finn
(Librero, 2017)

Anatomy und Physiologie für Dummies
Maggie Norris und Donna Rae Siegfried
(Wiley, 2012)

BMA New Guide to Medicine & Drugs
Dr Kevin M. O'Shaughnessy
(Chief medical editor)
(Dorling Kindersley, 2015)

The Cambridge History of Medicine
Roy Porter
(Cambridge University Press, 2011)

Crucial Interventions: An Illustrated Treatise on the Principles & Practice of Nineteenth-Century Surgery
Richard Barnett
(Thames & Hudson, 2015)

Geschröpft und zur Ader gelassen: Eine kurze Kulturgeschichte der Medizin
Roy Porter
(Dörlemann, 2004)

Geschichte der Medizin
William Bynum
(Reclam, 2010)

Gray's Anatomy (Classics Edition)
Henry Gray
(Barnes & Noble, 2011)

Kumar and Clark's Clinical Medicine
Parveen Kumar and Michael L. Clark
(Elsevier, 2016)

Die Kunst des Heilens. Eine medizinische Geschichte der Menschheit von der Antike bis heute
Roy Porter
(Spektrum, 2003)

The Making of Mr Gray's Anatomy: Bodies, Books, Fortune, Fame
Ruth Richardson
(Oxford University Press, 2009)

Medical Terminology For Dummies
Beverley Henderson and Jennifer Lee Dorsey
(Wiley, 2015)

Oxford Handbook of Clinical Medicine
Murray Longmore, Ian Wilkinson, Andrew Baldwin and Elizabeth Wallin
(Oxford University Press, 2014)

Virtual Anthropology: A Guide to a New Interdisciplinary Field
Gerhard W. Weber and Fred L. Bookstein
(Springer, 2011)

WEBSITES

American Journal of Medicine
www.amjmed.com

American Medical Association
www.ama-assn.org/ama

Australian Medical Association
ama.com.au

British Medical Association
www.bma.org.uk

British Medical Journal
www.bmj.com

General Medical Council
www.gmc-uk.org

The History Learning Site: A History of Medicine
www.historylearningsite.co.uk/
a-history-of-medicine

Mayo Clinic Diseases and Conditions Database
www.mayoclinic.org/diseases-conditions

Medicine Net
www.medicinenet.com

Merriam-Webster's Medical Dictionary
www.merriam-webster.com

Monthly Index of Medical Specialities (MIMS)
www.mims.co.uk

National Health Service (NHS)
www.nhs.uk

Science Museum: Brought to Life, Exploring the History of Medicine
www.sciencemuseum.org.uk/broughttolife

Web MD A–Z of Drugs and Medications
www.webmd.com/drugs

The Wellcome Collection
wellcomecollection.org

ZU DEN AUTOREN

HERAUSGEBERIN

Gabrielle M. Finn lehrt an der *Hull York Medical School* Medical Education. Zu ihren Forschungsschwerpunkten gehören die Professionalisierung der medizinischen Lehre und die Didaktik der Anatomie. Finn ist Mitglied der *Anatomical Society* und promovierte in Medical Education.

AUTOREN

Philip Cox lehrt Physiologie an der *Hull York Medical School* und an der Universität York mit den Forschungsschwerpunkten Biomechanik und Entwicklung des Kausystems. Neben Lehre und Forschung hält Cox gern öffentliche Vorträge über Naturwissenschaften und Medizin. Er wirkte an Veranstaltungen des *National Science Learning Centre*, des *Prince's Teaching Institute* und des *Cambridge Science Festival* mit.

Laura Fitton ist Dozentin für Anatomie an der *Hull York Medical School*. Sie untersucht die Kaumechanik von Primaten und Menschen mithilfe verschiedener bildgebender Verfahren und virtueller Modellierungstechniken. Sie lehrt makroskopische und virtuelle Anatomie im Aufbaustudium.

Joanna Matthan lehrt an der *School of Medical Education* der Universität Newcastle. Nach Studien der Medizin und der englischen Sprache war sie in der Wirtschaft tätig, bevor sie an die Universität wechselte. Sie vermittelt auch klinisch relevante Anatomie an Doktoranden der Medizin, die eine Ausbildung zum Chirurgen, Anästhesisten und Radiologen absolvieren, und engagiert sich im Rahmen von Bemühungen für einen besseren Zugang zu medizinischen Dienstleistungen. Zu ihren Forschungsschwerpunkten gehören anatomische Themen und die medizinische Ausbildung.

Larissa Nelson ist Dozentin an der *School of Biosciences* der Universität Cardiff. Sie lehrt unter anderem Anatomie für Medizin- und Zahnmedizinstudenten. Ihre Forschungsinteressen umfassen Anatomie, Pädagogik und die medizinische Ausbildung. Sie promovierte mit einer Arbeit über die Knorpelregeneration und arbeitet auf ihren Master in *Education for the Health Professions* hin. Nelson ist Mitglied des Bildungsausschusses der *Anatomical Society*.

Martin Veysey lehrt als Gastroenterologe und klinischer Akademiker an der *School of Medicine and Public Health* der Universität Newcastle im australischen Bundesstaat New South Wales. Nach einer medizinischen Ausbildung am *Guy's Hospital* in Großbritannien wanderte er vor über einem Jahrzehnt nach Australien aus. Zu seinen Interessengebieten gehören Ernährung, Genetik, medizinische Ausbildung und die Optimierung der Behandlungsergebnisse für Patienten.

INDEX

BILDNACHWEIS

Der Verlag möchte gerne folgenden Personen und Organisationen für ihre freundliche Genehmigung zum Abdruck der Bilder in diesem Buch danken. Alle Anstrengungen wurden unternommen, entsprechende Bildrechte einzuholen; für mögliche Versäumnisse entschuldigen wir uns.

Clipart.com: 38.
Getty Images/Popperfoto: 78.
Library of Congress, Washington DC: 15M, 51M, 51MR, 81OR, 100, 103OR, 119O & U (HG), 124, 129OR.
New York Public Library: 15ML, 63MR.
Science Photo Library/Martin Krzywinski: 37M.
Shutterstock: 15UR; 3D Vector: 23M; 3Dstock: 143O; A and N photography: 121OR; A-R-T: 137OR; Adike: 41UM; Adriaticfoto: 73O, 105O; Africa Studio: 21M; Aleksandr Kurganov: 151O (HG); Alex Mit: 109M; Alexandr III: 57M (HG); Alexilusmedica: 95UL, 103L, 139M; Alexonline: 35UR; Alfocome: 21OM; Algirdas Gelazius: 151O (HG); Alila Medical Media: 149M & U (main); Andrii Vodolazhskyi: 83ML & MR; Anton Gvozdikov: 31OM; Ase: 85HG; Attem: 57U; B Brown: 9HG, 77HG; Balein: 9OR, 77OR; Belekekin: 65UR; Blackboard1965: 18; Blackpixel: 121MR; Blamb: 41OR, 139M (overlay); Blue Planet Earth: 23HG; Boyan Dimitrov: 151M (L & R); Bruce Rolff: 95HG; Chirva: 21M; Chombosan: 61O; Creations: 43UM; Cristi180884: 75MR; Daivi: 141MR; Davydenko Yuliia: 141UR; Decade3d-anatomy online: 43OR, 71UL & UR, 83L & R, 147M; Designua: 45UM, 75M (L-R); Digital Storm: 35M, 35UL, 85OM; Dmitry Kalinovsky: 45O; Dny3d: 23O (HG); Dragana Gerasimoski: 33U (von L nach R); Dudarev Mikhail: 87UL; Duplass: 131M (body); Eder: 21UL; Everett Collection: 131OR; Everett Historical: 7M, 51OL, 71UR; Ewais: 2UL, 119UL; Extender_01: 107U (HG); Filmlandscape: 87UM; Flareimages: 117U; Foxterrier2005: 75M, 143ML, 143MR, 143U (HG); Frees: 51ML; Galushko Sergey: 43U (HG); Gen Epic Solutions: 107OL & UL; General-fmv: 55O & U; Grebcha: 9OR, 9ML, 9U, 77OR, 77ML, 77U; Gts: 23U; Herjua: 81M; Hjochen: 25OR; i3alda: 73M; Iodrakon: 131M (head); Jag_cz: 147M (HG); jannoon028: 123HG; Jezper: 73M; JFs Pic Factory: 35OR; JPC-Prod: 129OL (HG); Juan Gaertner: 95O & U, 95M, 97U (HG); Kalewa: 99O; Kateryna Kon: 9OM, 77MR, 83HG, 93UM, 103UL; Kathathep: 149M & U; Katsiuba Volha: 35HG; Kjpargeter: 65MR; Kletr: 93O; Kocakayaali: 41UR; Kondor83: 55O (HG); Koya979: 33OM; koya979: 33OR; Kreangkrai Indarodom: 141OM & MR; Kriangx1234: 123U; Kwangmoozaa: 75UR; Lenetstan: 127UR; LifetimeStock: 23ML; Lightspring: 99ML, MR & U; Linda Bucklin: 117M; MaluStudio: 73HG; marilyn barbone: 21HG; Marynchenko Oleksandr: 129M; Maximus256: 7UR; Maxx-Studio: 43UM; Maya2008: 137M; Meletios: 109M & U; Milles Studio: 151M; Molekuul_be: 9UR, 77UR, 81OL, 93UR, 97M, 105M, 137U, 139OR, 139ML, 147OL, 147ML, 149O, 149O (HG); Monkey Business Images: 2OR, 119OR, 121UL; Morphart Creation: 81UR; Mr. High Sky: 83U; Natykach Nataliia: 37M; Nav: 55 (Main), 65O, 73O; Nerthuz: 31M (von L nach R), 85M; Nixx Photography: 111OM & L; Nomad_Soul: 139HG; O2creationz: 141M; Oksana2010: 23MR; Oleksiy Mark: 129O (HG); Olga Zakharova: 111O; Ollyy: 87M; Ondrej83: 141OL; Onur Gunduz: 9M, 9HG, 77M, 77HG; Ostill: 121OL, 121M; OZMedia: 51UR; Paper Street Design: 65HG; Petarg: 103HG; Peteri: 93M; Petr Salinger: 81UR; Phovoir: 23O; Pogonici: 129U; Potapov Alexander: 121MR (HG); Poznyakov: 123L; Ppart: 129OR (HG); Praisaeng: 51OR; Pressmaster: 127O; Puwadol Jaturawutthichai: 53O & U, 109O (HG); Rafal S: 97OM; Raimundo79: 141U (HG); Raj Creationzs: 107M, 143UM; Ralf Neumann: 45HG; Ralwel: 105UL; Rawpixel.com: 37M (outer); Roberto Piras: 43OL: royaltystockphoto.com: 149M & U; Samuel Micut: 53M; Santibhavank P: 85L & R; Sarans: 139OL & UR; Sarayoot: 85 (HG); Science photo: 61U; Sciencepics: 33M, 43UM, 75OL; Sebastian Kaulitzki: 31L, 31M & UM, 31R, 33OL, 41L, 45UR, 83HG, 83HG, 95ML, 99M, 105OL & UR, 149UM; Sebastian Tomus: 61M; Sfam_photo: 123M (HG); ShaunWilkinson: 143M, 149OM; SkyPics Studio: 57M (HG); Sportpoint: 63M; Spwidoff: 127UL; Suthee Treewatanawong: 2OL, 119OL; Suwat Wongkham: 75OM; Syda Productions: 2MR, 119MR; Tefi: 95OR, 95UR; Terayut Janjaranuphab: 121UR; Thailoei92: 51UL; Timquo: 147OR; Toeytoey: 45HG, 93HG M & L; Tristan Tan: 25M; Tyler Olson: 123R; Valentyn Volkov: 31HG, 151UM; Vector FX: 99O & U (HG); Vereshchagin Dmitry: 131OL & UL; Ververidis Vasilis: 57O (HG); Vilor: 25UR; VirtualMaker: 53HG; Vladimir Arndt: 105U; Vladystock: 43M; Volodymyr Krasyuk: 75OL; Wavebreakmedia: 117O; Willyam Bradberry: 63UR; Wire_man: 111UM; Wk1003mike: 131UR; Xrender: 95ML (inner); YamabikaY: 151O.
U.S. National Library of Medicine: 87OL, 87MR.
Wellcome Library, London: 9OL, 15OL, 17OL, 17M (main), 17UM, 17UR, 21OL, 21OM, 25OL, 25UM, 57O, 58, 63OL, 63OR, 71OM, 71ML, 77OM, 85U, 87O (HG), 87UR, 97OL, 107MR, 107HG, 144, 151OM.